Christian Schlieder

Autodesk® Inventor® 2021
Aufbaukurs KONSTRUKTION

Viele praktische Übungen am Konstruktionsobjekt GETRIEBE

Christian Schlieder

Autodesk® Inventor® 2021
Aufbaukurs KONSTRUKTION

Viele praktische Übungen am Konstruktionsobjekt GETRIEBE

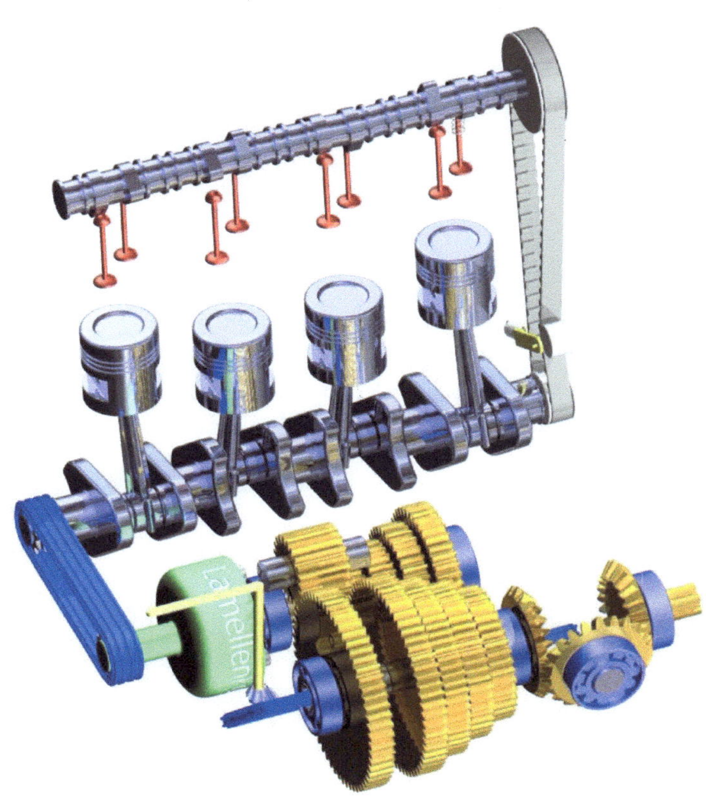

Passend zu den Büchern gibt es jetzt auch viele

Videokurse

zum Thema Autodesk.

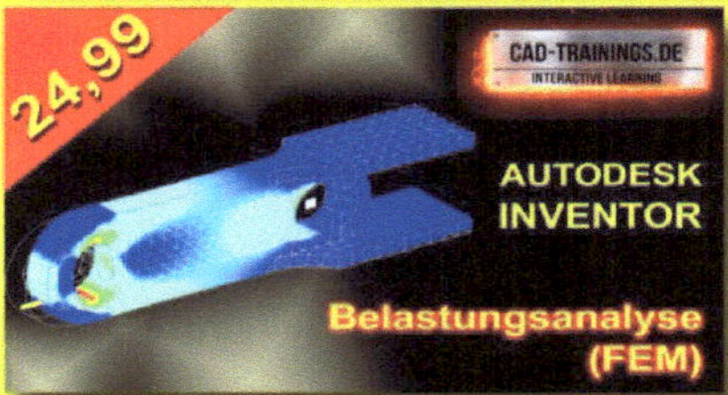

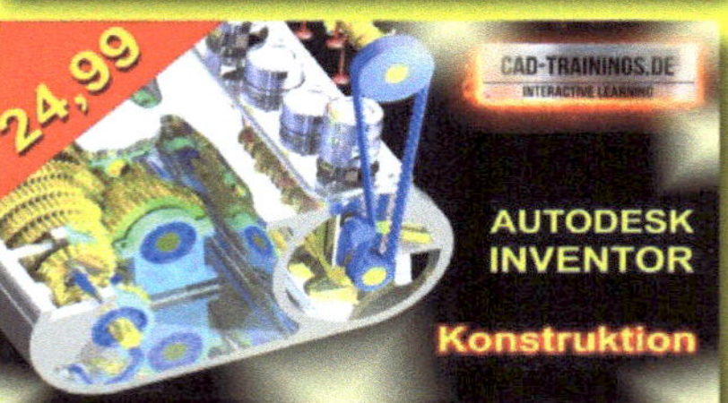

50% Rabatt auf jeden Kurs erhälst Du mit dem Gutschein-Code: **CAD-Trainings_50**

Alle Infos im Internet unter:

www.cad-trainings.de

Die Bücher der Autodesk-Reihe:

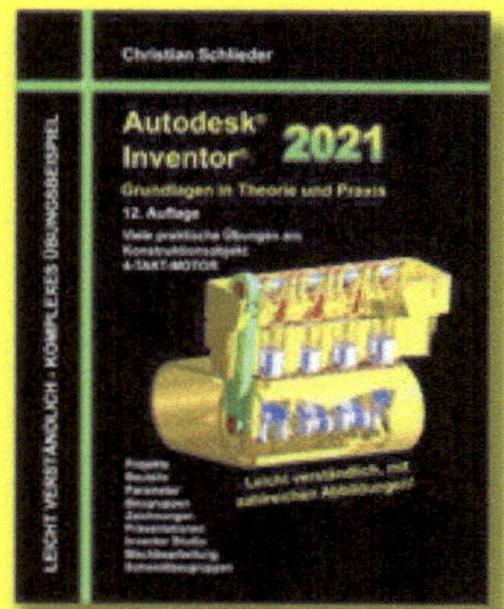

www.cad-trainings.de

ISBN

978-3-7504-6050-8

IMPRESSUM

Dipl.- Ing. Christian Schlieder
www.cad-trainings.de
Fax: +49 (0) 3212 - 1122290

HERSTELLUNG UND VERLAG

BoD - Books on Demand, Norderstedt
www.BoD.de

INHALTSVERZEICHNIS

1 Grundlegendes zum Buch

1.1 Zielgruppe & Aufbau des Buches

Dieses Buch ist ein Aufbaukurs für Fortgeschrittene, die mit den Grundlagen von **Autodesk®
Inventor® 2021** bereits vertraut sind. Das Programm verfügt im Baugruppenbereich über ein
Register **Konstruktion** welches zur Berechnung und Konstruktion, speziell im Maschinenbau
verwendeter Komponenten dient. In einem komplexen Übungsbeispiel wird der Leser theore-
tische Grundlagen einiger Befehle aus diesem Register erlernen und anschließend praktisch
umsetzen.

Das verwendete Übungsbeispiel baut auf das Grundlagenbuch **Autodesk® Inventor® 2021 –
Grundlagen in Theorie und Praxis** auf, in welchem ein vereinfachter 4-Takt-Motor erstellt
wurde. Dieser Motor wird im vorliegenden Buch um ein Getriebe erweitert.

In diesem Buch werden die folgenden Befehle des Registers **Konstruktion** behandelt:

➢ **Druckfeder-Generator**	➢ **Rollenketten-Generator**
➢ **Gehrungen erzeugen**	➢ **Schraubenverbindungs-Generator**
➢ **Gestell-Generator**	➢ **Stirnräder-Generator**
➢ **Kegelräder-Generator**	➢ **Wellen-Generator**
➢ **Keilwellen-Generator**	➢ **Zahnriemen-Generator**
➢ **Lager-Generator**	➢ **Zugfeder-Generator**

Das Übungsbeispiel bietet genügend Möglichkeiten, die Befehlsketten sporadisch zu verlas-
sen und eigene Versuche mit den Befehlen zu starten.

1.2 Erzeugen des Projektordners/ Herunterladen der Übungsdateien

Bevor Sie mit der Umsetzung des Projekts beginnen, sollten die folgenden Arbeiten erledigt werden:

Erzeugen eines neuen Projektordners

Erstellen Sie auf Ihrem PC an geeigneter Stelle einen neuen Ordner:

> ➢ *Inventor-2021-Übung-Konstruktion*

Herunterladen der Übungsdateien

Besuchen Sie im Internet die folgende Website:

> ➢ *http://www.cad-trainings.de*

Suchen Sie im Bereich **Download** bei den **Büchern** die passende **Programmversion** und das dazugehörige Buch. Klicken Sie auf den nebenstehenden Link, um die zum Buch gehörende Übungsdatei (ZIP-Format) auf Ihrem PC zu speichern.

Speichern Sie die Datei in dem vorher erzeugten Projektordner *Inventor-2021-Übung-Konstruktion* und entpacken Sie die Datei dort hinein. Die darin enthaltenen Dateien werden später benötigt.

2 Installation von Autodesk® Inventor® 2021

2.1 Systemanforderungen

Die folgenden von Autodesk® empfohlenen Systemanforderungen gelten für Bauteile und Baugruppen mit weniger als 1000 Bauteilen:

Betriebssystem	64 Bit-Version von Microsoft® Windows® 10
CPU-Typ	Empfohlen: 3 GHz oder mehr, mindestens 4 Kerne Mindestens: 2,5 GHz oder mehr
Arbeitsspeicher	Empfohlen: 32 GB RAM Mindestens: 16 GB RAM
Festplattenspeicher	Empfohlen: 40 GB
Grafikkarte	Empfohlen: 4 GB GPU mit einer Bandbreite von 106 Gbit/s und kompatibel mit DirectX 11 Mindestens: 1 GB GPU mit einer Bandbreite von 29 Gbit/s und kompatibel mit DirectX 11
Bildschirmauflö-sung	Empfohlen: 3840x2160 (4K) Bevorzugte Skalierung: 100%, 125%, 150% oder 200% Mindestens: 1280x1024 (1080p)
Zeige-/ Eingabege-rät	Maus, Tastatur, optional 3D-Maus
Netzwerk	Internetverbindung für die Webinstallation mit der Autodesk® Desktop-App, die Autodesk®-Funktion für die Zusammenarbeit, die .NET-Installation, Webdownloads und die Lizenzierung. Network License Manager unterstützt Windows Server® 2016, 2012, 2012 R2, 2008 R2 und die oben aufgeführten Betriebssysteme.
Tabellenkalkulation	Vollständige lokale Installation von Microsoft® Excel 2016 oder höher höher für Workflows, die Tabellenkalkulationen erstellen und bearbeiten. Inventor-Workflows, die Tabellenkalkulationsdaten lesen oder exportieren, erfordern kein Microsoft® Excel.Abonnenten von Office 365 müssen sicherstellen, dass Microsoft Excel 2016 lokal installiert ist. Windows Excel Starter®, OpenOffice® und browserbasierte Anwendungen von Office 365 werden nicht unterstützt.
Browser	Google Chrome™ oder gleichwertig
.NET Framework	.NET Framework Version 4.7 oder höher. Die Installation von Windows-Updates ist aktiviert.

Die folgenden zusätzlichen von Autodesk® empfohlenen Systemanforderungen gelten für Bauteile und Baugruppen mit mehr als 1000 Bauteilen:

CPU-Typ	Empfohlen: 3,3 GHz oder mehr, mindestens 4 Kerne
Arbeitsspeicher	Empfohlen: 24 GB RAM oder mehr
Grafik	Empfohlen: 4 GB GPU mit einer Bandbreite von 106 Gbit/s und kompatibel mit DirectX 11

2.2 Für Anwender von Autodesk® Inventor® 2021 auf Macintosh

Sie können Autodesk® Inventor® Professional auf einem Mac®-Computer auf einer Windows-Partition installieren. Das System muss Apple Boot Camp® zum Verwalten einer Konfiguration mit zwei Betriebssystemen verwenden und die folgenden Mindestsystemanforderungen erfüllen:

Betriebssystem	Mindestens: Mac OS™ X 10.13.x Empfohlen: Mac OS™ X 10. 12.x
Parallels	Parallels Desktop 13 oder höher
CPU-Typ	Mindestens: Intel® Core 2 Duo (3 GHz oder höher)
Arbeitsspeicher	Mindestens: 8 GB RAM Empfohlen: 16 GB Ram oder mehr
Partitionsgröße	Mindestens: 100 GB freier Festplattenspeicher Empfohlen: 250 GB freier Festplattenspeicher oder mehr
Betriebssystem	64 Bit-Version von Microsoft® Windows® 10 Anniversary Update (Version 1607 oder höher) 64-Bit-Version von Microsoft® Windows® 8.1 64-Bit-Version von Microsoft® Windows® 7 SP1 mit Update KB4019990

2.3 Download des Programms

Sollten Sie die Software nicht bereits besitzen, haben Sie die Möglichkeit Autodesk® Inventor® 2021 zu privaten Schulungszwecken als kostenlose Version herunterzuladen:

> ***https://www.autodesk.com/education/free-software/inventor-professional***

Eröffnen Sie hierfür einen kostenlosen Autodesk® Account unter demselben Link.

2.4   Installationsvoraussetzungen

Zugriffsrechte

Sie müssen über lokale Benutzer-Administratorrechte verfügen.

> **Systemsteuerung > Benutzerkonten > Benutzerkonten verwalten**

System-Updates/ Antivirenprogramm

Vor der Installation von Autodesk® Inventor® 2021 sollten eventuell noch ausstehende Updates von Windows® durchgeführt werden. Starten Sie den Rechner danach neu. Antivirenprogramme müssen während der Installation eventuell vorübergehend deaktiviert werden.

Language Packs

Prüfen Sie vor der Installation von Autodesk® Inventor® 2021 ob die heruntergeladene Programmversion in der richtigen Sprache vorhanden ist. Eventuell muss vorab ein Sprachpaket heruntergeladen und installiert werden.

Seriennummer/ Produktschlüssel

Beim Download müssen Seriennummer und Produktschlüssel in Erfahrung gebracht werden. Diese werden bei der Installation benötigt.

Beenden anderer Programme

Beenden Sie alle anderen Programme vor der Installation von Autodesk® Inventor® 2021.

2.5   Installation von Autodesk® Inventor® 2021

Stellen Sie vor der Installation von Autodesk® Inventor® 2021 sicher, dass alle Teile des Programms vollständig vorhanden sind. Wurden diese vollständig heruntergeladen (Schritt entfällt, wenn die Software auf DVD vorhanden ist), kann mit der Installation begonnen werden. Sollte das Installationsprogramm noch nicht geöffnet sein, starten Sie dieses. Sie finden es für gewöhnlich im Pfad:

> **C:\Autodesk\Inventor_2021_...\Setup.exe**

Nachdem Sie die Lizenzvereinbarung gelesen und akzeptiert haben, muss im Dropdown-Menü mit den Produktsprachen einer der folgenden Schritte durchgeführt werden:

1)   Wählen Sie eine Sprache aus.
2)   Wählen Sie unter Lizenztyp die Option *Einzelplatz*.
3)   Geben Sie Seriennummer und Produktschlüssel ein (falls erforderlich).
4)   Bestimmen Sie den Installationspfad (dieser Pfad darf maximal 260 Zeichen lang sein).
5)   Übernehmen Sie die vorgegebene Konfiguration oder passen Sie die Installation an (weitere Informationen zur Konfiguration finden Sie in der Produktdokumentation).
6)   Klicken Sie auf *Installieren*.
7)   Nach der Installation: Klicken Sie auf *Fertigstellen*.

2.6   Aktivierung von Autodesk® Inventor® 2021

Online aktivieren und registrieren

Sobald Autodesk® Inventor® 2021 das erste Mal gestartet wurden, startet auch automatisch der Aktivierungsvorgang. Sollte der PC über eine bestehende Internetverbindung verfügen, führen Sie die folgenden Schritte aus:

1)   Achten Sie darauf, dass Ihre Firewall oder Antivirenprogramme den Datenaustausch zwischen Autodesk® Inventor® 2021 und dem Server von Autodesk® nicht unterbrechen.
2)   Starten Sie Autodesk® Inventor® 2021.
3)   Stimmen Sie den Datenschutzrichtlinien zu.
4)   Klicken Sie auf *Aktivieren*.
5)   Geben Sie den Produktschlüssel ein, wenn Sie dazu aufgefordert werden sollten. Melden Sie sich an und registrieren Sie das Produkt.

Autodesk® überprüft jetzt die Berechtigungsinformationen, wie z. B. Ihre Seriennummer. Wenn Sie die Aktivierungsaufforderung sehen und keine Verbindung mit dem Internet herstellen können, ist die Aktivierung manuell vorzunehmen.

Manuelles Aktivieren und Registrieren (offline)

Sollte der PC über keine bestehende Internetverbindung verfügen, führen Sie die folgenden Schritte aus:

1) Starten Sie Autodesk® Inventor® 2021.
2) Stimmen Sie den Datenschutzrichtlinien zu.
3) Klicken Sie auf *Aktivieren*.
4) Wählen Sie Aktivierungscode *Mit einer Offlinemethode anfordern*.
5) Klicken Sie auf *Weiter*.
6) Notieren Sie die Aktivierungsinformationen, die auf dem Bildschirm angezeigt werden, einschließlich der URL.
7) Starten Sie ein Gerät mit einer bestehenden Internetverbindung.
8) Öffnen Sie die URL aus Punkt (6). Melden Sie sich an und registrieren Sie das Produkt.
9) Notieren Sie den Aktivierungscode.
10) Starten Sie Autodesk® Inventor® 2021.
11) Klicken Sie auf *Aktivieren*.
12) Wählen Sie die Option *Ich habe einen Aktivierungscode von Autodesk*.
13) Kopieren Sie den Aktivierungscode, und fügen Sie ihn in das erste Feld ein, um automatisch die anderen Felder auszufüllen.
14) Klicken Sie auf *Weiter*.

3 Programmaufbau und Programmoberfläche

3.1 Programmaufbau

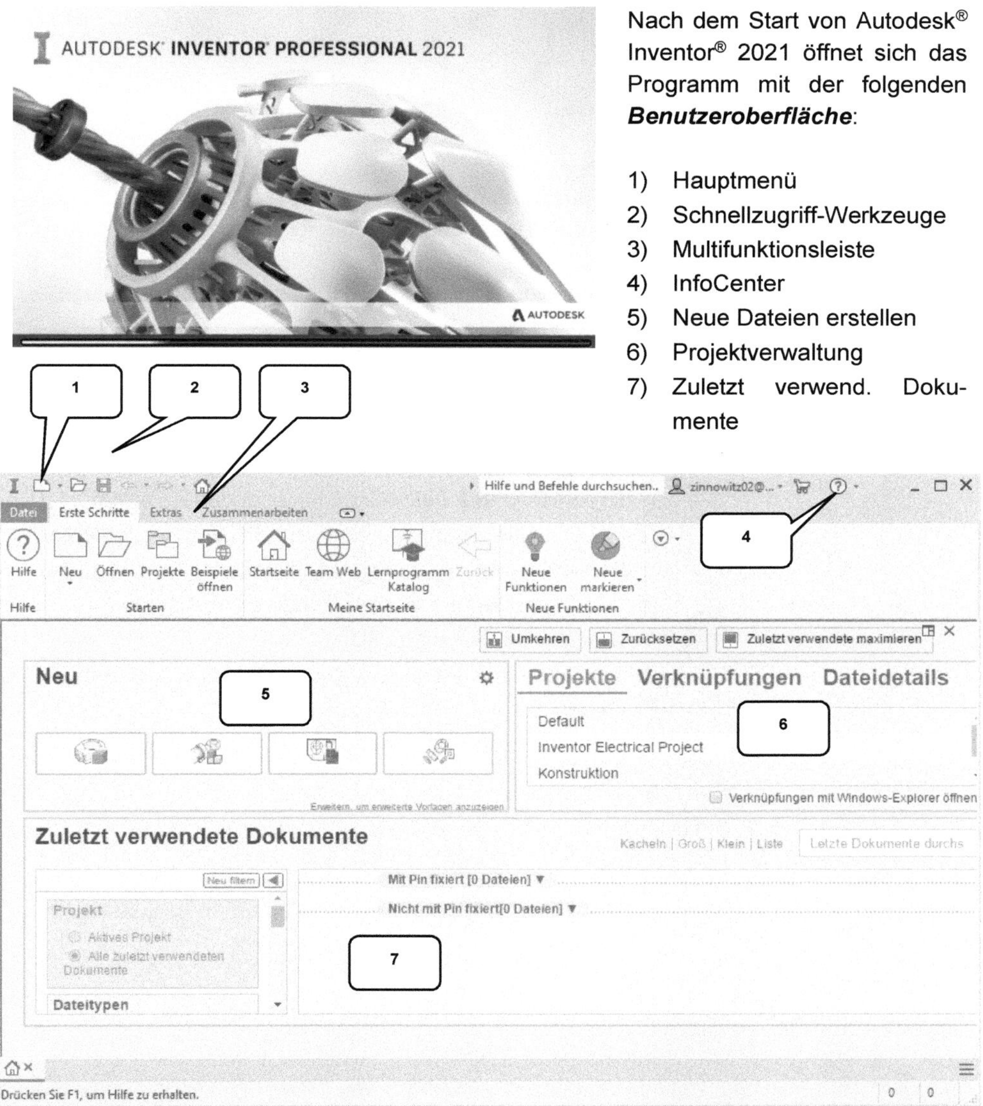

Nach dem Start von Autodesk® Inventor® 2021 öffnet sich das Programm mit der folgenden **Benutzeroberfläche**:

1) Hauptmenü
2) Schnellzugriff-Werkzeuge
3) Multifunktionsleiste
4) InfoCenter
5) Neue Dateien erstellen
6) Projektverwaltung
7) Zuletzt verwend. Dokumente

3.2   Hauptmenü

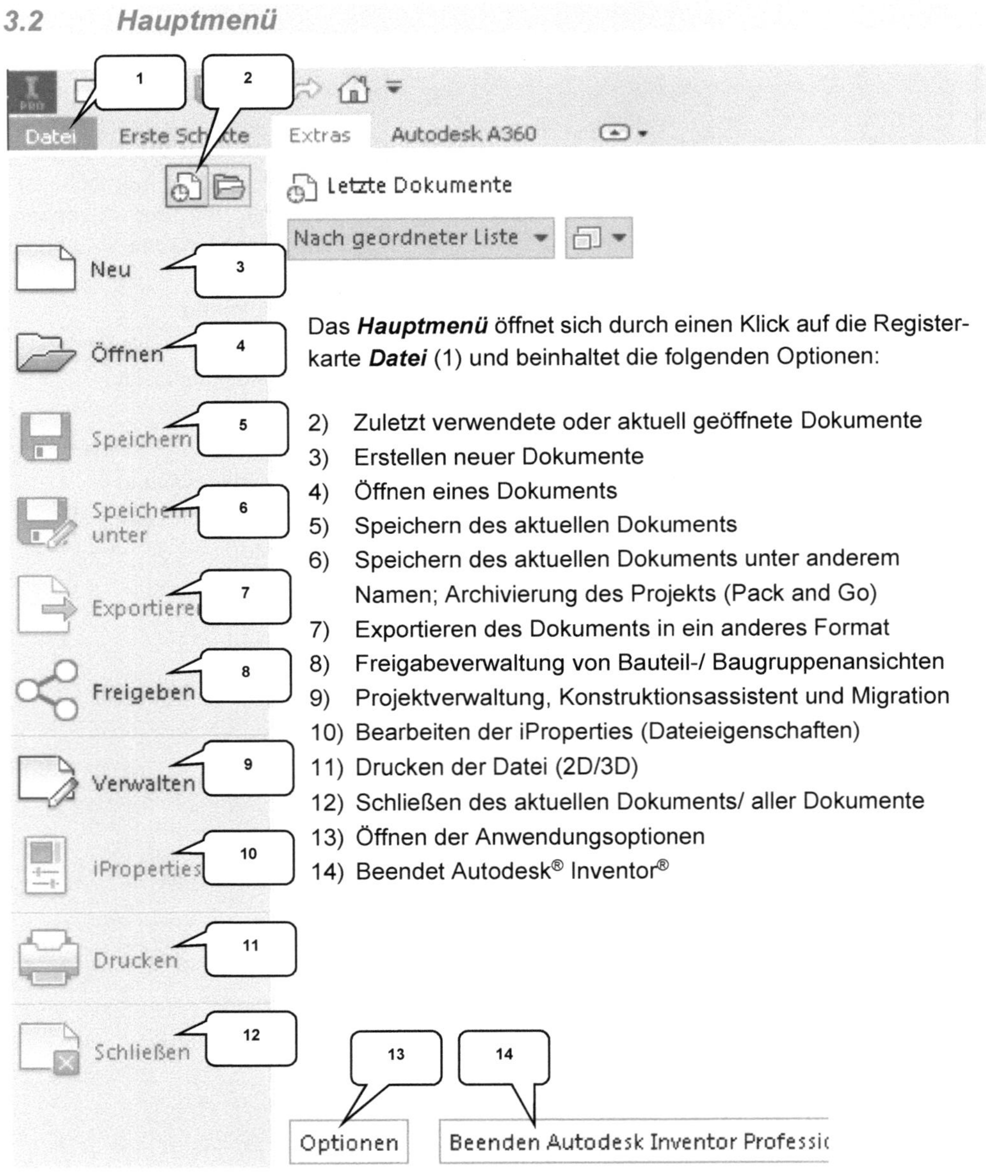

Das *Hauptmenü* öffnet sich durch einen Klick auf die Register-
karte *Datei* (1) und beinhaltet die folgenden Optionen:

2)   Zuletzt verwendete oder aktuell geöffnete Dokumente
3)   Erstellen neuer Dokumente
4)   Öffnen eines Dokuments
5)   Speichern des aktuellen Dokuments
6)   Speichern des aktuellen Dokuments unter anderem
     Namen; Archivierung des Projekts (Pack and Go)
7)   Exportieren des Dokuments in ein anderes Format
8)   Freigabeverwaltung von Bauteil-/ Baugruppenansichten
9)   Projektverwaltung, Konstruktionsassistent und Migration
10) Bearbeiten der iProperties (Dateieigenschaften)
11) Drucken der Datei (2D/3D)
12) Schließen des aktuellen Dokuments/ aller Dokumente
13) Öffnen der Anwendungsoptionen
14) Beendet Autodesk® Inventor®

HINWEIS: Die jeweiligen Befehle können mit einem Klick der linken Maustaste auf die neben-
stehenden Dreiecke noch erweitert werden.

3.3 Schnellzugriff-Werkzeuge

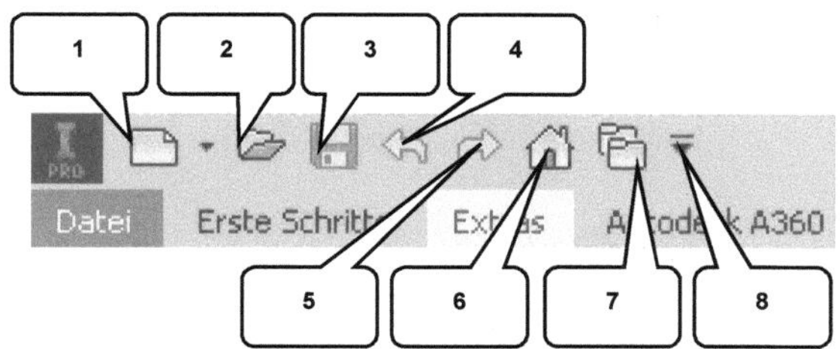

Die **Schnellzugriff-Werkzeuge** sind einige häufig verwendete Befehle, die einzeln ein- oder ausgeblendet werden können. Die folgenden Befehle befinden sich darin:

1)	Erstellen eines neuen Dokuments	5)	Einen Arbeitsschritt vorwärts
2)	Öffnen eines vorhandenen Dokuments	6)	Aktiviert die Startseite
3)	Speichern des Dokuments	7)	Öffnet die Projektverwaltung
4)	Einen Arbeitsschritt zurück	8)	Schnellzugriff-Werkzeuge anpassen

3.4 Multifunktionsleiste

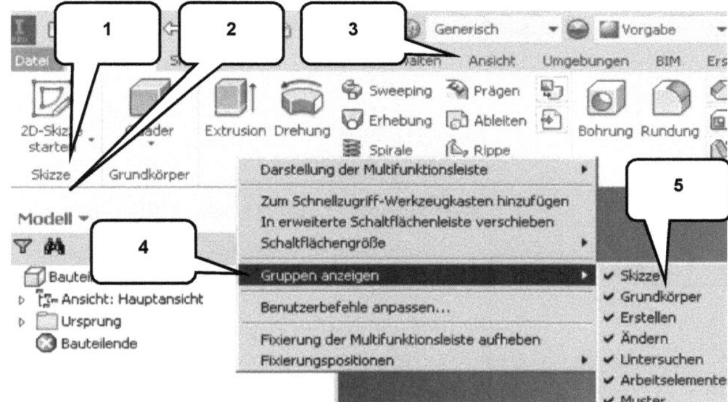

Die **Multifunktionsleiste** (1) befindet sich im oberen Bereich des Programms und enthält verschiedene Befehlsgruppen (2), deren Inhalt entsprechend der Auswahl einer der verfügbaren Registerkarten (3) variiert. Jede Registerkarte enthält diverse Befehlsgruppen, welche ein- oder ausgeblendet werden können.

Zum Ein- oder Auszublenden der Befehlsgruppen muss mit der **rechten Maustaste** auf einen beliebigen Bereich der Multifunktionsleiste (1) geklickt werden, um im Kontextmenü die Option **Gruppen anzeigen** (4) zu erweitern und darin (5) die jeweiligen Befehlsgruppen zu aktivieren oder deaktivieren.

HINWEIS: Sollten in diesem Buch Befehle verwendet werden, die Sie in Ihrer Multifunktionsleiste im entsprechenden Arbeitsbereich nicht finden können, kontrollieren Sie bitte ob die entsprechende Befehlsgruppe bereits aktiviert wurde. Wenn nicht, muss dieser Schritt zuerst durchgeführt werden.

3.5   Browser

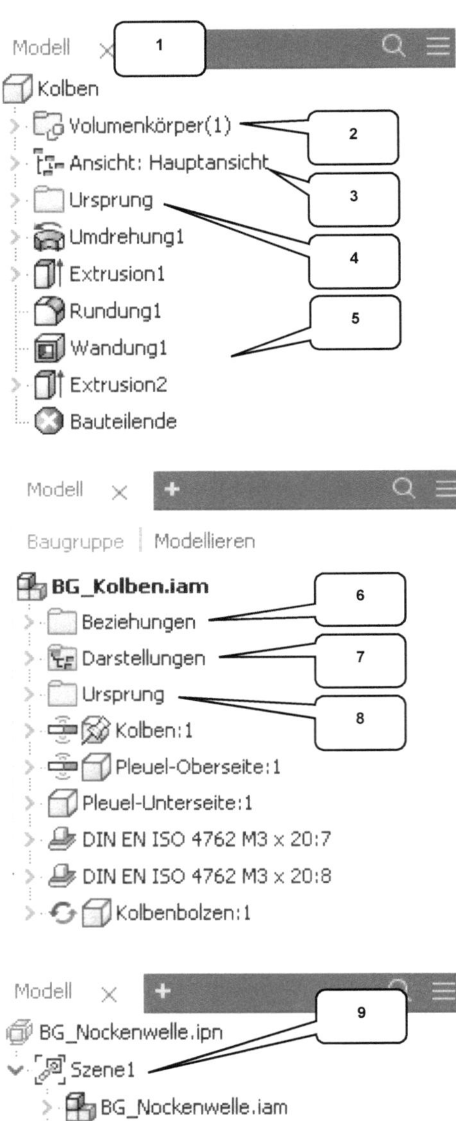

Der **Browser** (1) spiegelt den grundlegenden Aufbau eines Objekts wieder der je Arbeitsbereich inhaltlich variiert.

> ### Bauteil-Browser

In einem **Bauteil-Browser** befinden sich z. B. der Ordner **Volumenkörper** (2) (er listet die einzelnen Volumenkörper eines Bauteils auf), der Ordner **Ansicht** (3) (er beinhaltet die Ansichten eines Bauteils) sowie der Ordner **Ursprung** (4) (er listet die Hauptachsen und -ebenen des Bauteils auf). Weiterhin werden alle bereits am Bauteil vorgenommenen **Arbeitsschritte** (5) chronologisch aufgelistet und können hier bearbeitet werden.

> ### Baugruppen-Browser

Im **Baugruppen-Browser** befinden sich der Ordner **Beziehungen** (6) (mit allen in der Baugruppe besetzten Verbindungen/ Abhängigkeiten), der Ordner **Darstellungen** (7) (mit den Ansichten, Positionen und Detailgenauigkeiten der Baugruppe) und der Ordner **Ursprung** (8) mit den Achsen/ Ebenen. Natürlich werden auch alle in der Baugruppe vorhandenen Komponenten (Bauteile/ Normteile) aufgelistet.

> ### Präsentations-Browser

Der **Präsentations-Browser** enthält einen Ordner **Szene** (9). Darin werden die Präsentationsdrehbücher der animierten Baugruppen und die zugehörigen Pfade abgelegt.

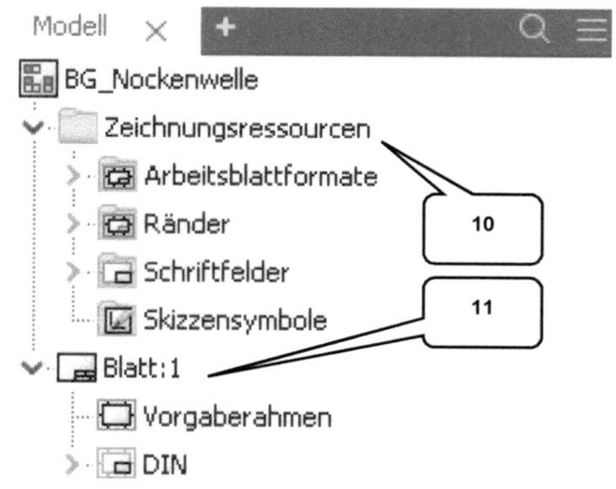

➢ *Zeichnungs-Browser*

Im *Zeichnungs-Browser* gibt es den Ordner *Zeichnungsressourcen* (10) (mit allen vordefinierten Arbeitsblattformaten, Rändern, Schriftfeldern und Symbolen) und je Zeichnung einen Ordner *Blatt* (11). Jedes Zeichnungsblatt beinhaltet die dem Blatt zugeordneten Arbeitsblattformate, Ränder, Schriftfelder und Symbole sowie dargestellten Ansichten mit den darin abgebildeten Komponenten.

3.6   *Arbeitsbereich*
3.6.1   *Startbildschirm*

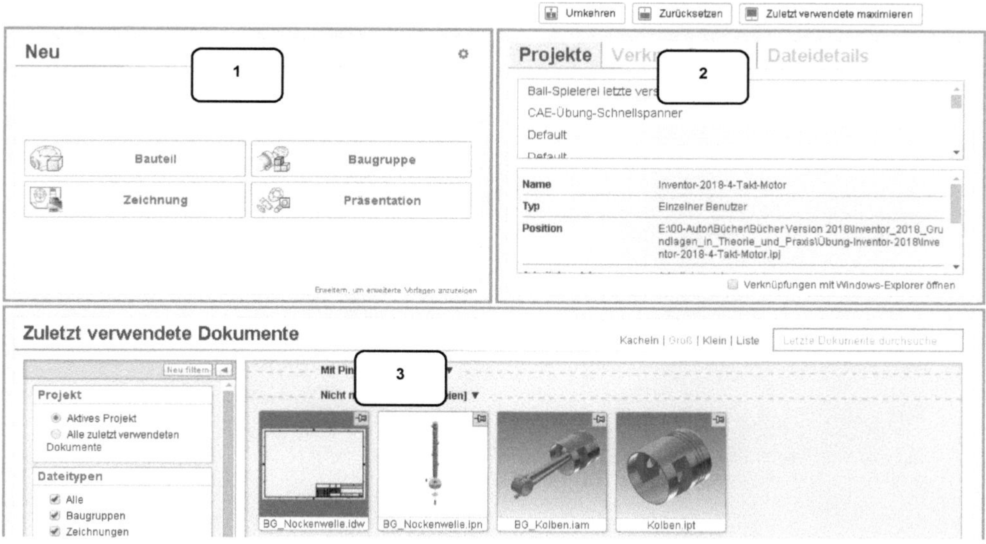

Nach dem Start des Programms wird dem Benutzer ein *Startbildschirm* mit den folgenden Inhalten angeboten:

1) Erstellen eines neuen Dokuments
2) Projektverwaltung
3) Öffnen eines bereits vorhandenen Dokuments

4 Die ersten Schritte

4.1 Programmhilfe und neue Funktionen

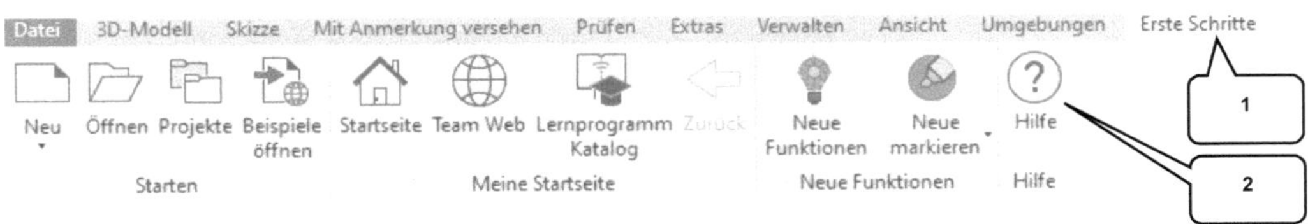

In der Befehlsgruppe *Hilfe* im Register *Erste Schritte* (1) befindet sich der Befehl [?] **Hilfe** (2). Ein Klick darauf öffnet im Arbeitsbereich die Online-Hilfe, sofern ein Internetzugang vorhanden ist (ggf. müssen die Einstellungen der Firewall bearbeitet werden).

In der Online-Hilfe kann entweder in der *Inhaltsübersicht* (3) aus einem der angebotenen Themengebiete auswählt werden, oder ein bestimmter Befehl/ Begriff *gesucht* werden (4).

Die Online-Hilfe bietet jede Menge Videos zu den einzelnen Themen und natürlich auch verschiedene Lernprogramme und Tutorials, die nach Bedarf erarbeitet werden können.

4.2 Lernprogramme

Startet man den Befehl 🎓 **Lernprogrammkatalog** (1) im Register **Erste Schritte**, so öffnet sich eine interaktive Lernumgebung (2), in der schrittweise der Umgang mit der Software erlernt und mit diversen Übungen gefestigt werden kann (Internetverbindung erforderlich!).

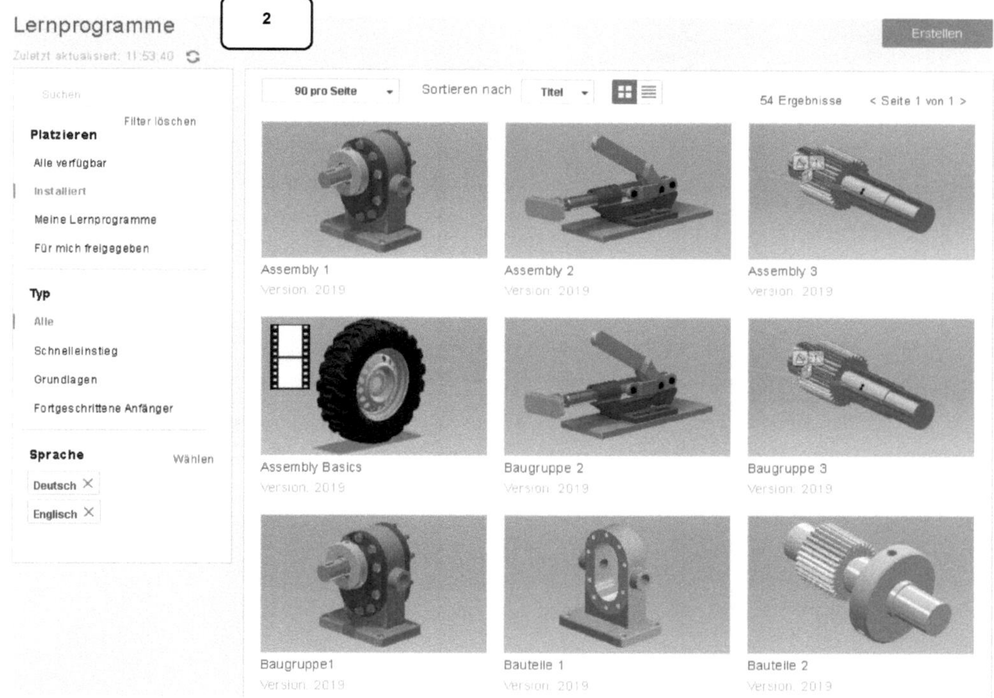

4.3 Zusatzmodule (empfohlene Einstellungen)

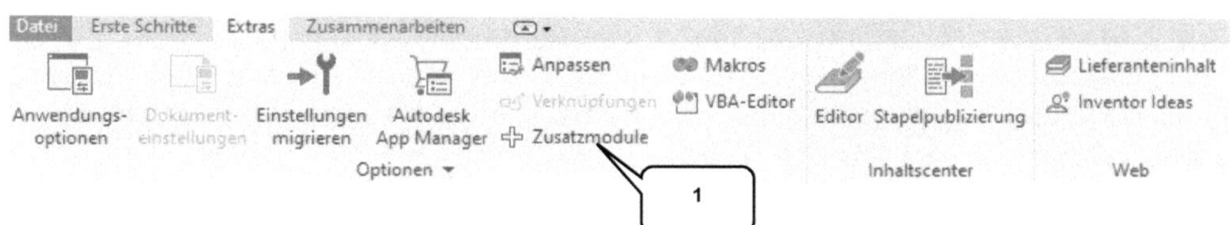

In der Befehlsgruppe **Optionen** (Register **Extras**) befindet sich der Befehl ✚ **Zusatzmodule** (1) welcher den **Zusatzmodul-Manager** öffnet. Damit können die automatisch beim Programmstart zusätzlich zu den Standardeinstellungen zu aktivierenden Programm-Module festgelegt werden.

Um ein Modul automatisch laden zu lassen, muss dieses in der **Liste** (2) aktiviert werden, um anschließend die beiden Haken im Bereich **Ladeverhalten** (3) zu setzen. Andernfalls sind die Haken zu entfernen.

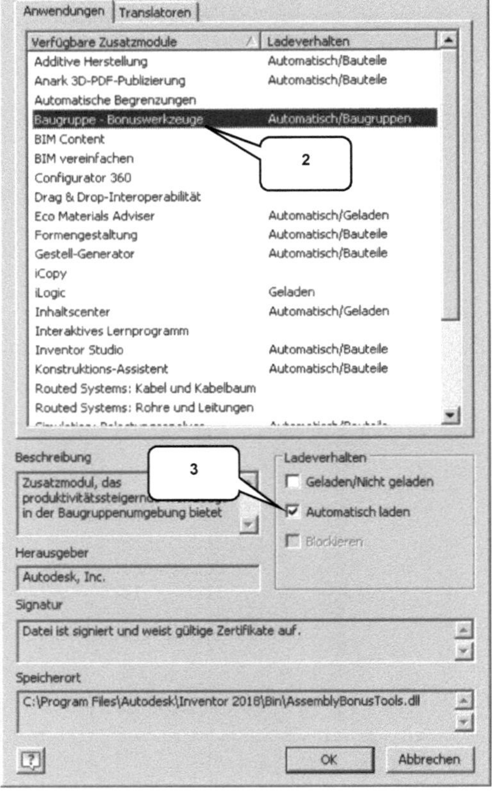

Die Aktivierung der folgenden Module wird dringend empfohlen:

> Additive Herstellung
> Automatische Begrenzungen
> Baugruppe - Bonuswerkzeuge
> BIM-Austausch
> BIM-Vereinfachen
> Gestell-Generator
> iCopy
> iLogic
> Inhaltscenter
> Inventor Studio
> Konstruktions-Assistent
> Simulation: Belastungsanalyse
> Simulation: Dynamische Simulation
> Simulation: Gestellanalyse

HINWEIS: Je nach Programversion (Inventor® oder Inventor® Professional) können einige der Module unter Umständen nicht aktiviert werden. Bitte beachten Sie weiterhin, dass eine generelle Aktivierung <u>aller</u> verfügbaren Module die Leistungsfähigkeit des PCs stark beeinträchtigen kann und deshalb nicht zu empfehlen ist.

4.4 Anwendungsoptionen (empfohlene Einstellungen)

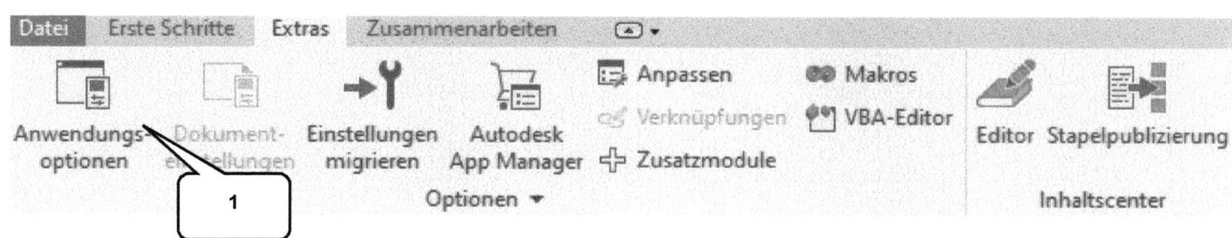

In den **Anwendungsoptionen** (1) werden die Grundeinstellungen des Programms fest-
gelegt. Er sollte jetzt geöffnet und die folgenden Einstellungen kontrolliert werden:

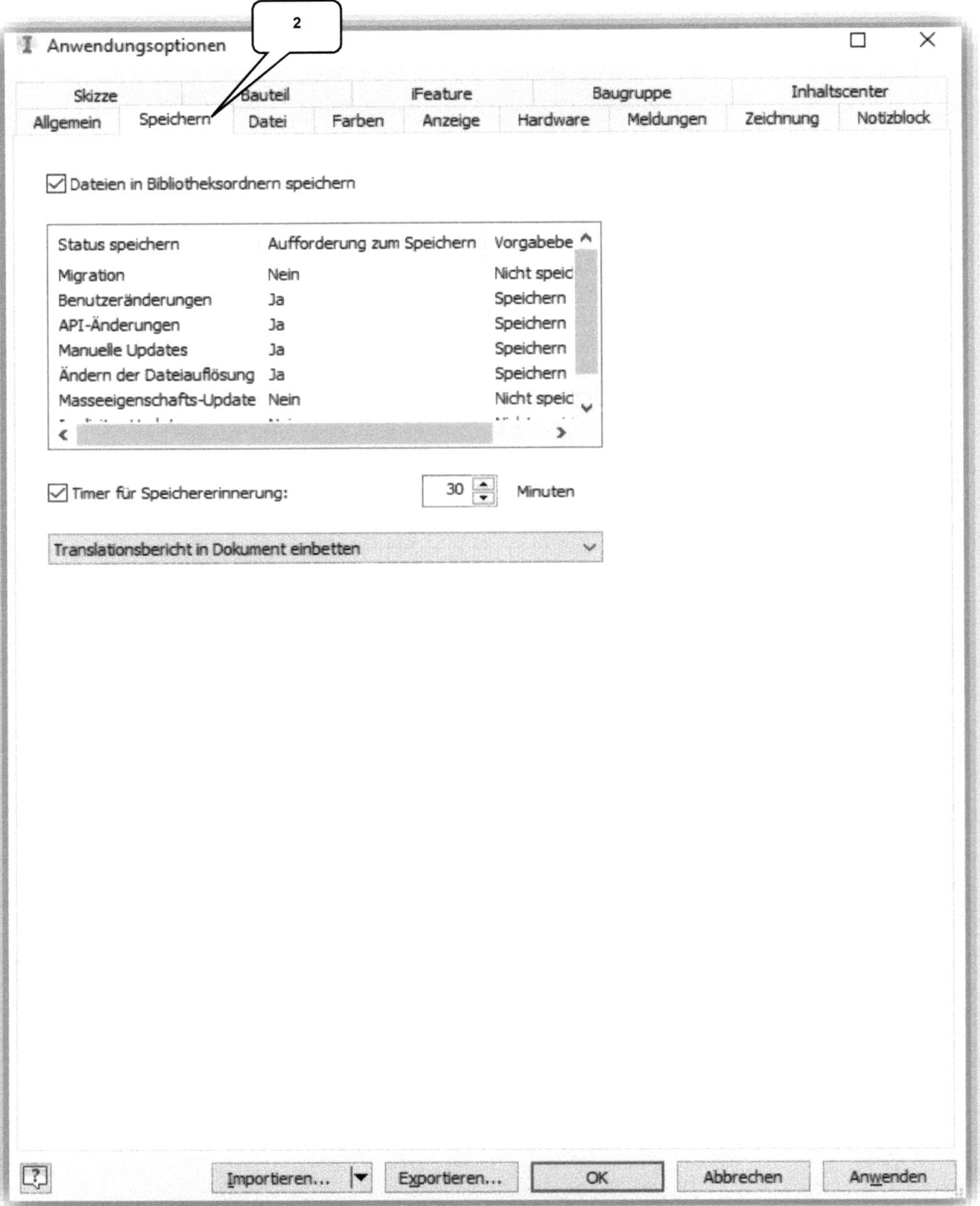
2
Anwendungsoptionen
Skizze
Bauteil
iFeature
Baugruppe
Inhaltscenter
Allgemein
Speichern
Datei
Farben
Anzeige
Hardware
Meldungen
Zeichnung
Notizblock
Dateien in Bibliotheksordnern speichern
Status speichern
Aufforderung zum Speichern
Vorgabebe
Migration
Nein
Nicht speic
Benutzeränderungen
Ja
Speichern
API-Änderungen
Ja
Speichern
Manuelle Updates
Ja
Speichern
Ändern der Dateiauflösung
Ja
Speichern
Masseeigenschafts-Update
Nein
Nicht speic
Timer für Speichererinnerung:
30
Minuten
Translationsbericht in Dokument einbetten
Importieren...
Exportieren...
OK
Abbrechen
Anwenden

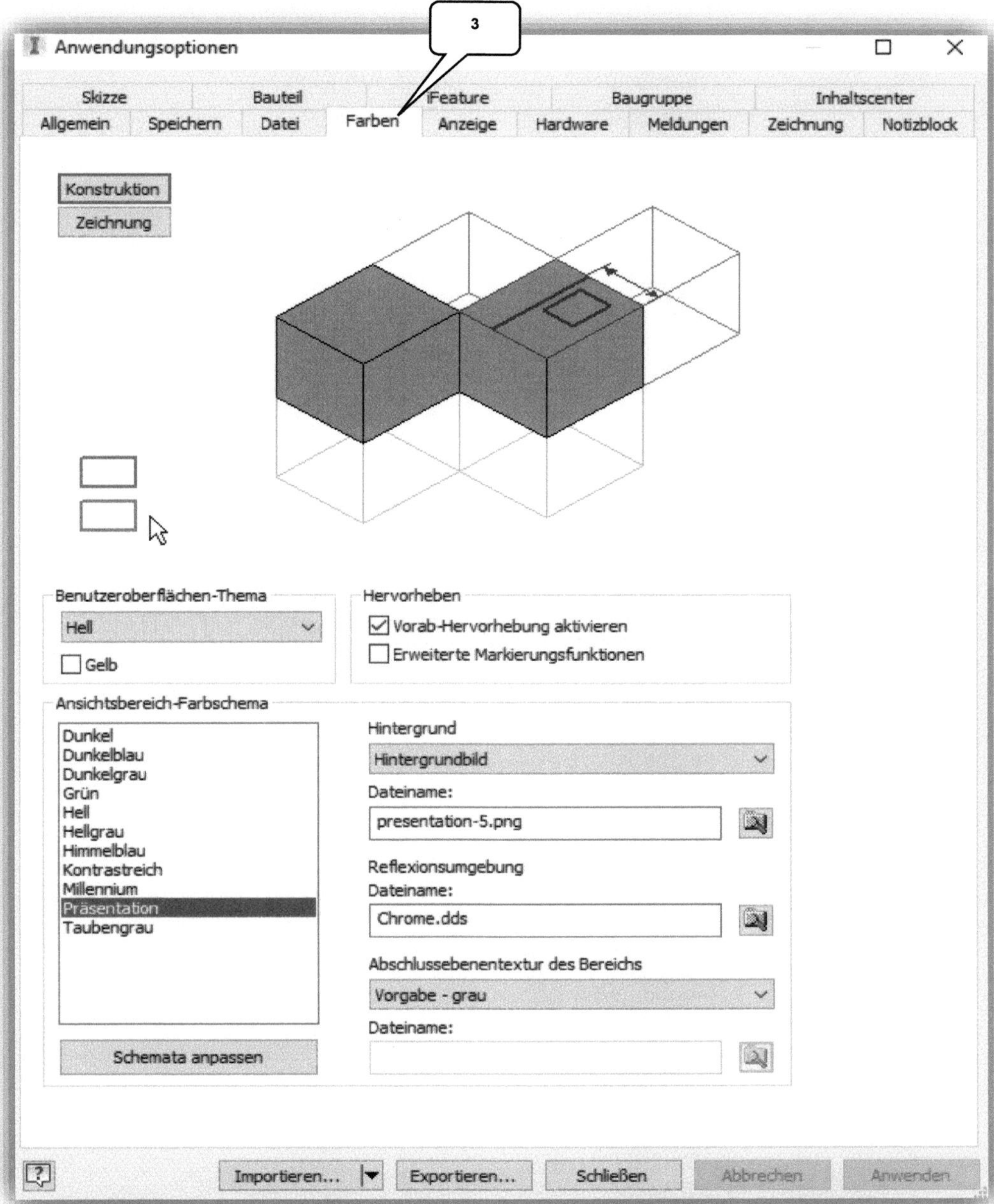
3
Anwendungsoptionen
Skizze   Bauteil   iFeature   Baugruppe   Inhaltscenter
Allgemein   Speichern   Datei   Farben   Anzeige   Hardware   Meldungen   Zeichnung   Notizblock
Konstruktion
Zeichnung
Benutzeroberflächen-Thema
Hell
Gelb
Hervorheben
Vorab-Hervorhebung aktivieren
Erweiterte Markierungsfunktionen
Ansichtsbereich-Farbschema
Dunkel
Dunkelblau
Dunkelgrau
Grün
Hell
Hellgrau
Himmelblau
Kontrastreich
Millennium
Präsentation
Taubengrau
Schemata anpassen
Hintergrund
Hintergrundbild
Dateiname:
presentation-5.png
Reflexionsumgebung
Dateiname:
Chrome.dds
Abschlussebenentextur des Bereichs
Vorgabe - grau
Dateiname:
Importieren...   Exportieren...   Schließen   Abbrechen   Anwenden

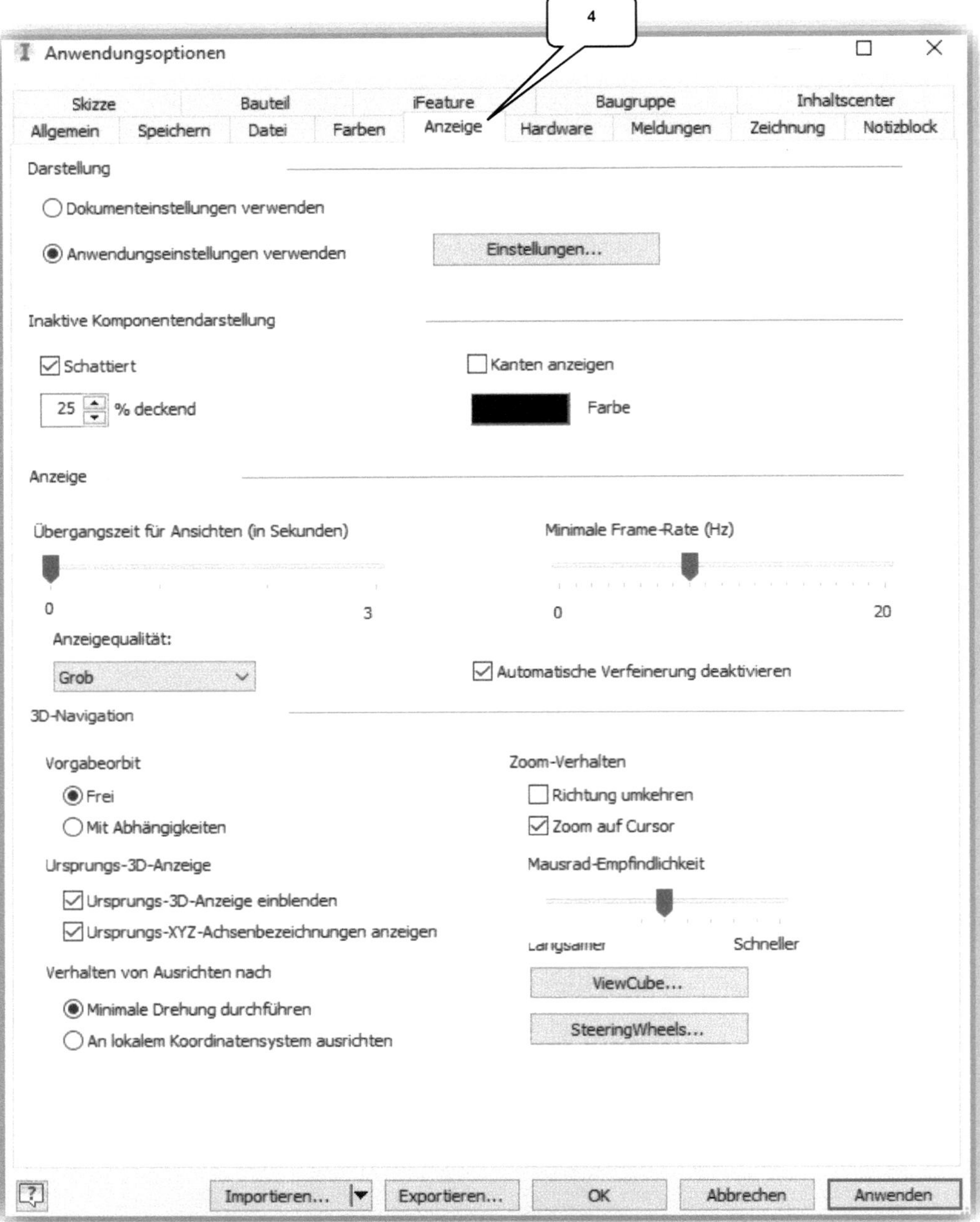
4
Anwendungsoptionen
Skizze
Bauteil
iFeature
Baugruppe
Inhaltscenter
Allgemein
Speichern
Datei
Farben
Anzeige
Hardware
Meldungen
Zeichnung
Notizblock
Darstellung
Dokumenteinstellungen verwenden
Anwendungseinstellungen verwenden
Einstellungen...
Inaktive Komponentendarstellung
Schattiert
Kanten anzeigen
25 % deckend
Farbe
Anzeige
Übergangszeit für Ansichten (in Sekunden)
Minimale Frame-Rate (Hz)
0
3
0
20
Anzeigequalität:
Grob
Automatische Verfeinerung deaktivieren
3D-Navigation
Vorgabeorbit
Zoom-Verhalten
Frei
Richtung umkehren
Mit Abhängigkeiten
Zoom auf Cursor
Ursprungs-3D-Anzeige
Mausrad-Empfindlichkeit
Ursprungs-3D-Anzeige einblenden
Ursprungs-XYZ-Achsenbezeichnungen anzeigen
Langsamer
Schneller
Verhalten von Ausrichten nach
ViewCube...
Minimale Drehung durchführen
SteeringWheels...
An lokalem Koordinatensystem ausrichten
Importieren...
Exportieren...
OK
Abbrechen
Anwenden

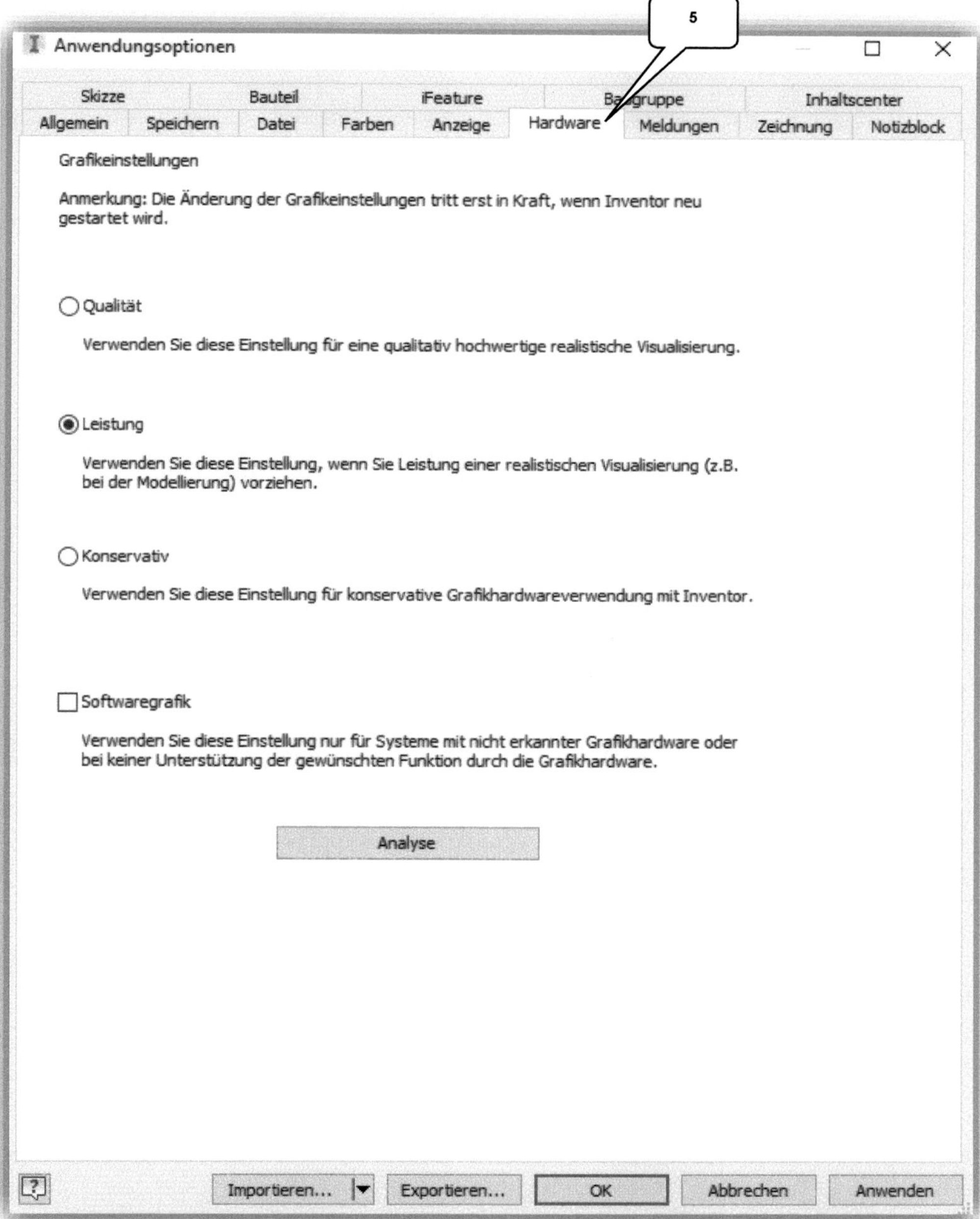
5

Anwendungsoptionen

Skizze
Bauteil
iFeature
Baugruppe
Inhaltscenter
Allgemein
Speichern
Datei
Farben
Anzeige
Hardware
Meldungen
Zeichnung
Notizblock

Grafikeinstellungen

Anmerkung: Die Änderung der Grafikeinstellungen tritt erst in Kraft, wenn Inventor neu gestartet wird.

Qualität

Verwenden Sie diese Einstellung für eine qualitativ hochwertige realistische Visualisierung.

Leistung

Verwenden Sie diese Einstellung, wenn Sie Leistung einer realistischen Visualisierung (z.B. bei der Modellierung) vorziehen.

Konservativ

Verwenden Sie diese Einstellung für konservative Grafikhardwareverwendung mit Inventor.

Softwaregrafik

Verwenden Sie diese Einstellung nur für Systeme mit nicht erkannter Grafikhardware oder bei keiner Unterstützung der gewünschten Funktion durch die Grafikhardware.

Analyse

Importieren...
Exportieren...
OK
Abbrechen
Anwenden

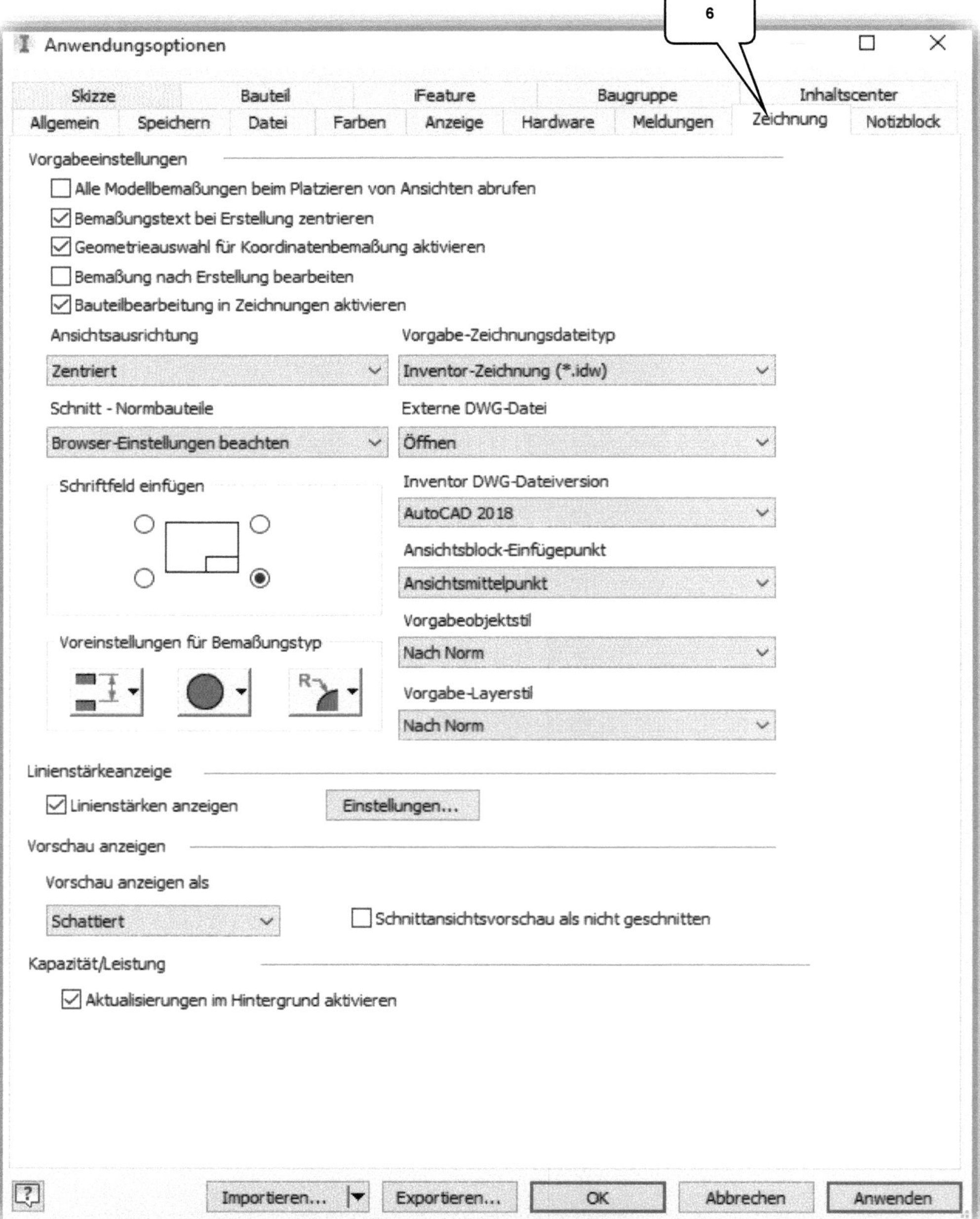

6
Anwendungsoptionen
Skizze   Bauteil   iFeature   Baugruppe   Inhaltscenter
Allgemein   Speichern   Datei   Farben   Anzeige   Hardware   Meldungen   Zeichnung   Notizblock
Vorgabeeinstellungen
Alle Modellbemaßungen beim Platzieren von Ansichten abrufen
Bemaßungstext bei Erstellung zentrieren
Geometrieauswahl für Koordinatenbemaßung aktivieren
Bemaßung nach Erstellung bearbeiten
Bauteilbearbeitung in Zeichnungen aktivieren
Ansichtsausrichtung
Zentriert
Vorgabe-Zeichnungsdateityp
Inventor-Zeichnung (*.idw)
Schnitt - Normbauteile
Browser-Einstellungen beachten
Externe DWG-Datei
Öffnen
Schriftfeld einfügen
Inventor DWG-Dateiversion
AutoCAD 2018
Ansichtsblock-Einfügepunkt
Ansichtsmittelpunkt
Voreinstellungen für Bemaßungstyp
R
Vorgabeobjektstil
Nach Norm
Vorgabe-Layerstil
Nach Norm
Linienstärkeanzeige
Linienstärken anzeigen   Einstellungen...
Vorschau anzeigen
Vorschau anzeigen als
Schattiert   Schnittansichtsvorschau als nicht geschnitten
Kapazität/Leistung
Aktualisierungen im Hintergrund aktivieren
?   Importieren...   Exportieren...   OK   Abbrechen   Anwenden

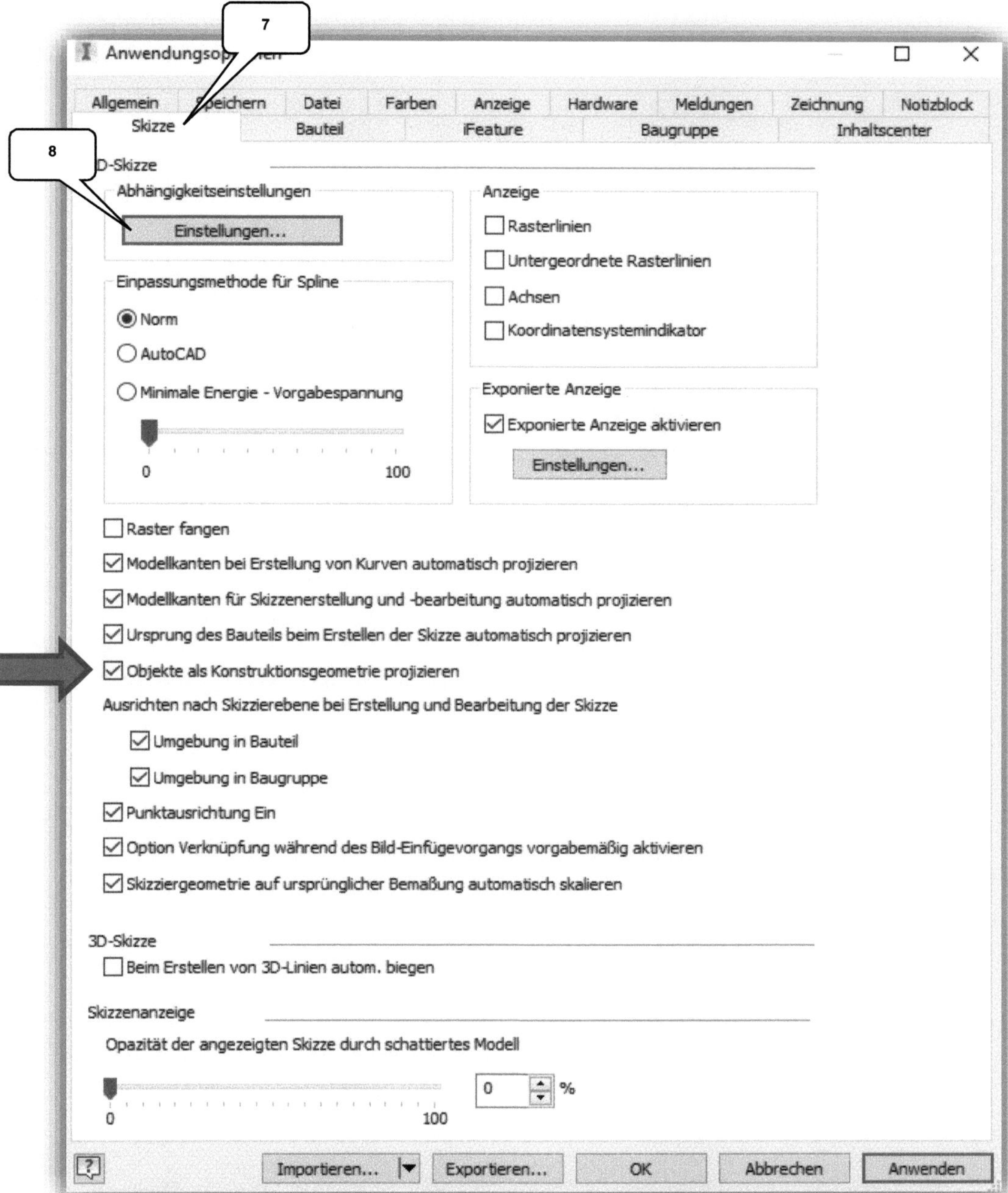
7
8
Anwendungsoptionen
Allgemein
Speichern
Datei
Farben
Anzeige
Hardware
Meldungen
Zeichnung
Notizblock
Skizze
Bauteil
iFeature
Baugruppe
Inhaltscenter
2D-Skizze
Abhängigkeitseinstellungen
Einstellungen...
Anzeige
Rasterlinien
Untergeordnete Rasterlinien
Achsen
Koordinatensystemindikator
Einpassungsmethode für Spline
Norm
AutoCAD
Minimale Energie - Vorgabespannung
0
100
Exponierte Anzeige
Exponierte Anzeige aktivieren
Einstellungen...
Raster fangen
Modellkanten bei Erstellung von Kurven automatisch projizieren
Modellkanten für Skizzenerstellung und -bearbeitung automatisch projizieren
Ursprung des Bauteils beim Erstellen der Skizze automatisch projizieren
Objekte als Konstruktionsgeometrie projizieren
Ausrichten nach Skizzierebene bei Erstellung und Bearbeitung der Skizze
Umgebung in Bauteil
Umgebung in Baugruppe
Punktausrichtung Ein
Option Verknüpfung während des Bild-Einfügevorgangs vorgabemäßig aktivieren
Skizziergeometrie auf ursprünglicher Bemaßung automatisch skalieren
3D-Skizze
Beim Erstellen von 3D-Linien autom. biegen
Skizzenanzeige
Opazität der angezeigten Skizze durch schattiertes Modell
0
100
0
%
Importieren...
Exportieren...
OK
Abbrechen
Anwenden

9

Abhängigkeitseinstellungen ×

Allgemein   Ableitung   Lockerungsmodus

Abhängigkeit

☑ Abhängigkeiten nach Erstellung anzeigen

☑ Abhängigkeiten für ausgewählte Objekte anzeigen

☑ Koinzidente Abhängigkeiten in Skizze anzeigen

Bemaßung

☑ Bemaßung nach Erstellung bearbeiten

☑ Bemaßungen aus Eingabewerten erstellen

Überbestimmte Bemaßungen

○ Getriebene Bemaßung anwenden

◉ Bei Überbestimmung warnen

10

Abhängigkeitseinstellungen ×

Allgemein   Ableitung   Lockerungsmodus

Abhängigkeitsableitungspriorität

☑ Abhängigkeiten ableiten   ◉ Parallel und lotrecht

☑ Abhängigkeiten beibehalten   ○ Horizontal und vertikal

Auswahl für Abhängigkeitsableitung

☑ Horizontal   ☑ Mittelpunkt   Alle auswählen

☑ Vertikal   ☑ An Kurve   Alles löschen

☑ Parallel   ☑ Tangential

☑ Lotrecht   ☑ Koinzident

☑ Überschneidung

11

Abhängigkeitseinstellungen ×

Allgemein   Ableitung   Lockerungsmodus

☐ Lockerungsmodus aktivieren

Beim gelockerten Ziehen zu entfernende Abhängigkeiten

☐ Koinzident   ☑ Horizontal   Alle auswählen

☐ Tangential   ☑ Vertikal   Alles löschen

☐ Geglattet(G2)   ☑ Parallel

☐ Symmetrisch   ☑ Lotrecht

☑ Kollinear   ☑ Gleich

☑ Konzentrisch   ☑ Fest

☑ Bemaßungen mit Gleichungen beibehalten

12

Anwendungsoptionen

| Allgemein | Speichern | Datei | Farben | Anzeige | Hardware | Meldungen | Zeichnung | Notizblock |

Skizze | Bauteil | iFeature | Baugruppe | Inhaltscenter

Skizze beim Erstellen eines neuen Bauteils

- ○ Keine neue Skizze
- ◉ Skizze auf XY-Ebene
- ○ Skizze auf YZ-Ebene
- ○ Skizze auf XZ-Ebene

Konstruktion

- ☐ Deckende Flächen
- ☐ Konstruktionsumgebung aktivieren

☑ Direkte Arbeitselemente automatisch ausblenden

☑ Arbeits- und Oberflächenelemente automatisch einbeziehen

☐ Erweiterte Informationen nach Elementknotennamen im Browser anzeigen

3D-Griffe

☑ 3D-Griffe aktivieren

☑ Griffe zu Auswahl anzeigen

Bemaßungsabhängigkeiten

- ○ Nie lockern
- ○ Lockern, wenn keine Gleichung
- ○ Immer lockern
- ◉ Eingabeaufforderung

Geometrische Abhängigkeiten

- ○ Nie lösen
- ○ Immer lösen
- ◉ Eingabeaufforderung

Erstellung/Ableitung/Konturvereinfachung für Vorgabe

☑ Farbüberschreibung aus Quellkomponente verwenden

Importieren... ▼ | Exportieren... | OK | Abbrechen | Anwenden

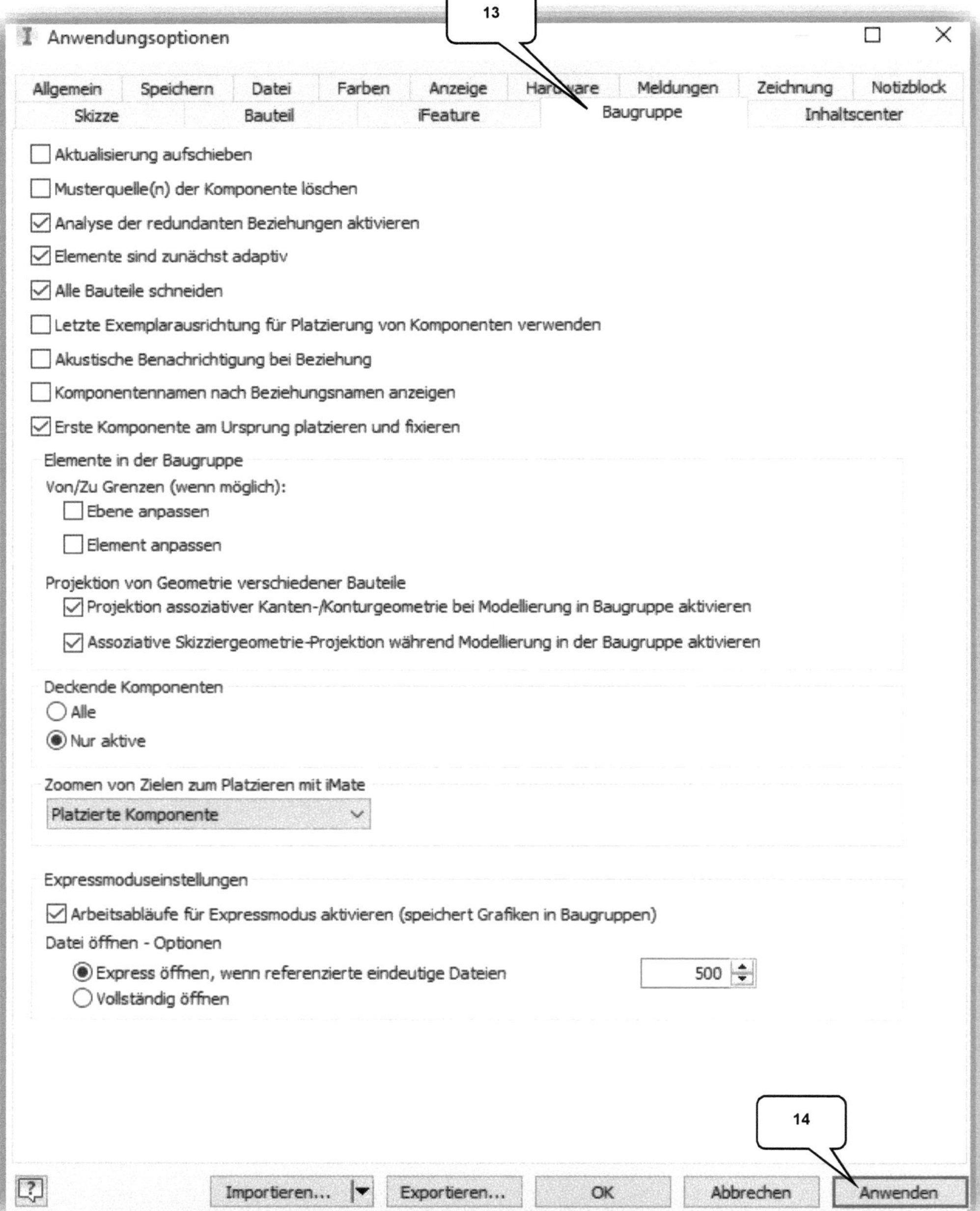

13
Anwendungsoptionen
Allgemein   Speichern   Datei   Farben   Anzeige   Hardware   Meldungen   Zeichnung   Notizblock
Skizze   Bauteil   iFeature   Baugruppe   Inhaltscenter
Aktualisierung aufschieben
Musterquelle(n) der Komponente löschen
Analyse der redundanten Beziehungen aktivieren
Elemente sind zunächst adaptiv
Alle Bauteile schneiden
Letzte Exemplarausrichtung für Platzierung von Komponenten verwenden
Akustische Benachrichtigung bei Beziehung
Komponentennamen nach Beziehungsnamen anzeigen
Erste Komponente am Ursprung platzieren und fixieren
Elemente in der Baugruppe
Von/Zu Grenzen (wenn möglich):
Ebene anpassen
Element anpassen
Projektion von Geometrie verschiedener Bauteile
Projektion assoziativer Kanten-/Konturgeometrie bei Modellierung in Baugruppe aktivieren
Assoziative Skizziergeometrie-Projektion während Modellierung in der Baugruppe aktivieren
Deckende Komponenten
Alle
Nur aktive
Zoomen von Zielen zum Platzieren mit iMate
Platzierte Komponente
Expressmoduseinstellungen
Arbeitsabläufe für Expressmodus aktivieren (speichert Grafiken in Baugruppen)
Datei öffnen - Optionen
Express öffnen, wenn referenzierte eindeutige Dateien   500
Vollständig öffnen
Importieren...   Exportieren...   OK   Abbrechen   Anwenden
14

5 Öffnen des Einzelbenutzerprojekts

Inventor® arbeitet grundsätzlich in Projekten, was die Koordination zusammenhängender Dateien und Einstellungen vereinfacht. Eine Projektdatei (*.ipj) sichert alle Informationen und Querverweise eines Projekts. Das ist wichtig, wenn später komplexe Baugruppen archiviert oder von einem PC auf einen anderen übertragen werden sollen.

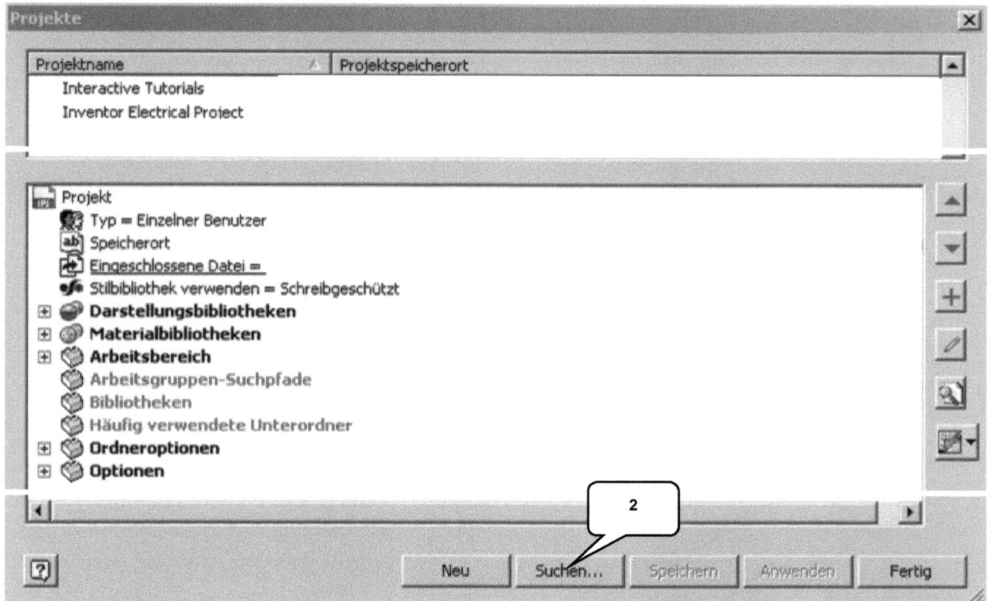

Starten Sie im Register **Erste Schritte** (Befehlsgruppe **Starten**) den Befehl **Projekte** (1).

Mit der Option **Suchen** (2) soll in Ihrem Projektordner die Projektdatei **Übung-Konstruktion-2021.ipj** (3) aktiviert werden, welche sich bereits bei den extrahierten Dateien befindet.

Design Data
OldVersions
Templates
Übung-Konstruktion-2021

Das neue Projekt wird automatisch aktiviert, was durch ein kleines ✓ *Häkchen* in der entsprechenden Zeile des Projektfensters (4) signalisiert wird. Auch bei der späteren Arbeit mit dem Programm, sollte das jeweils aktive Projekt nach Programmstart stets kontrolliert werden.

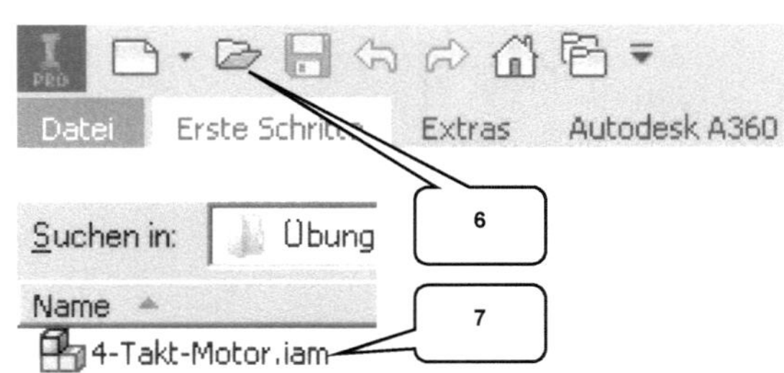

So kann vermieden werden, dass Dateien unbeabsichtigt einem anderen Projekt zugeordnet werden. Wurde das Projekt[1] aktiviert, kann das Befehlsfenster durch *Fertig* (5) beendet werden um die Baugruppe *4-Takt-Motor.iam* (7) zu öffnen (6), welche sich im Downloadordner befindet.

---

[1] Die Kontrolle des korrekt aktivierten Projektes sollte bei jeder Arbeit mit dem Programm vorgenommen werden. Es hilft dabei, ein strukturiertes Arbeiten mit dem Programm zu garantieren.

6 Komplettierung des Kurbeltriebs

6.1 Theoretische Grundlagen zum Zahnriemenantrieb

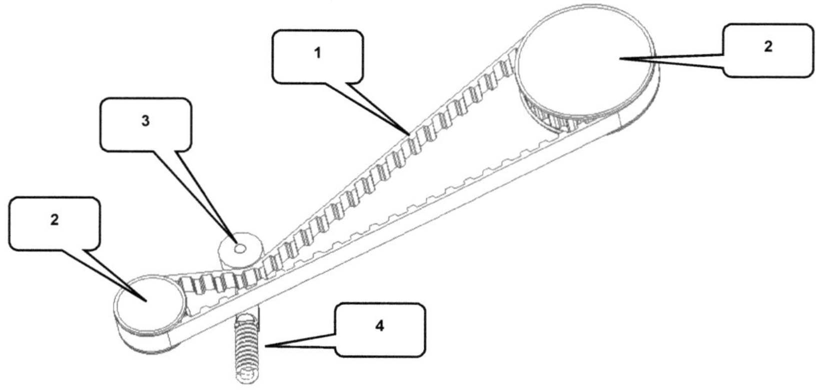

Zahnriemenantriebe kommen sehr häufig zum Einsatz, weil sie bedingt durch ihren Aufbau besonders geräuscharm während des Betriebs sind. Um die Nockenwelle des 4-Takt-Motors antreiben zu können, sollen Nocken- und Kurbelwelle über einen *Zahnriemenantrieb* miteinander verbunden werden. Der Riemen (1) verbindet die Zahnräder (2) der Wellen miteinander und wird zusätzlich durch eine Spannrolle (3) und eine Feder (4) gespannt.

6.2 Konstruktion eines Zahnriemenantriebes
6.2.1 Befehlsgrundlagen ZAHNRIEMEN-GENERATOR

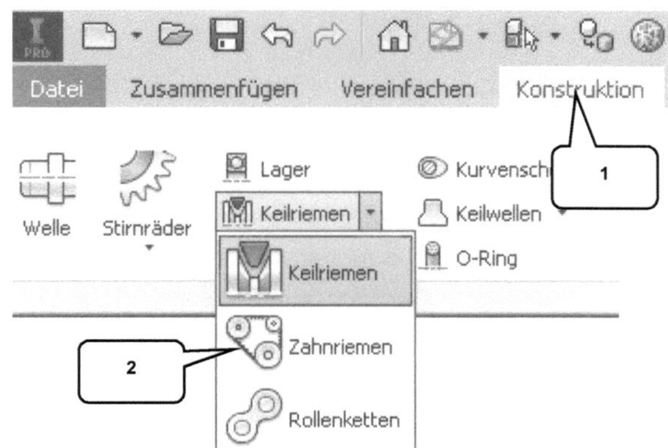

Zahnriemenantriebe können im Register **Konstruktion** (1) mit dem Befehl **Zahnriemen-Generator** (2) erstellt und berechnet werden.

Hier ist zuerst der gewünschte Zahnriementyp auszuwählen und es müssen dann die Referenzen zur Positionierung ausgewählt werden. Weiterhin können zusätzliche Riemenscheiben platziert werden.

6.2.1.1 Register *KONSTRUKTION*

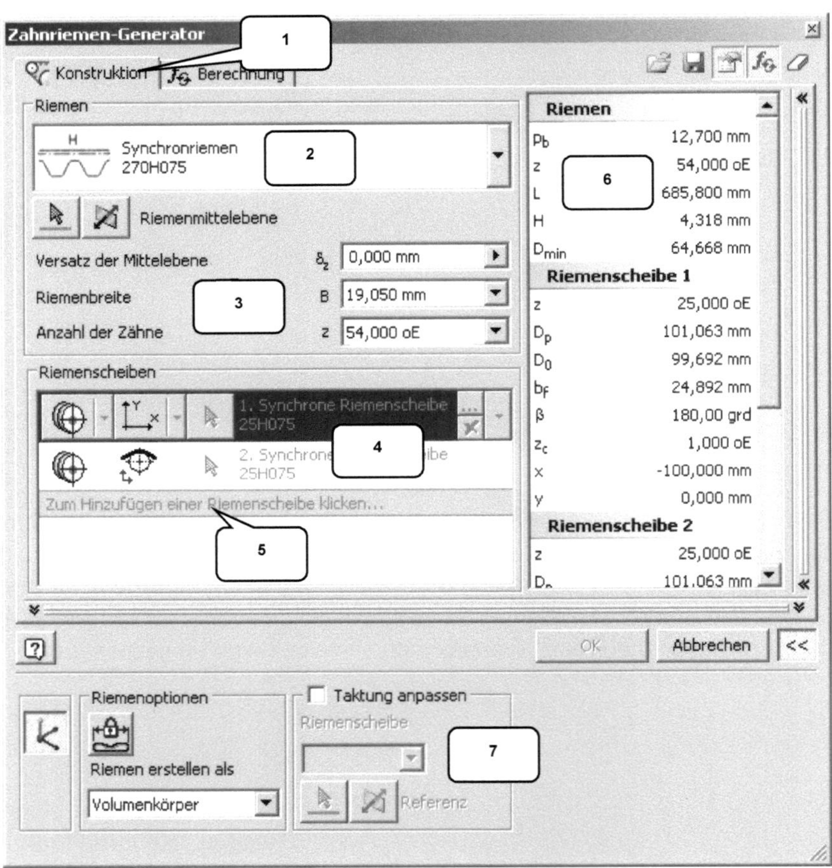

Im Register **Konstruktion** kann ein Zahnriementyp aus dem Inhaltscenter ausgewählt und anschließend bearbeitet werden. Riemenscheiben und Spannrollen können ergänzt und bearbeitet werden. Die Konstellation kann als Vorlage exportiert werden und vorhandene Vorlagen können importiert werden.

1) Register: Konstruktion/ Berechnung	5) Riemenscheiben oder Spannrollen hinzufügen
2) Riementyp auswählen	6) Berechnungsergebnisse
3) Riemenmittelebene, Versatz der Mittelebene, Riemenbreite und Anzahl der Zähne	7) Riementrieb als Skizze, Volumenkörper oder detailliert darstellen
4) Riemenscheiben oder Spannrollen bearbeiten	

6.2.1.2   Register BERECHNUNG

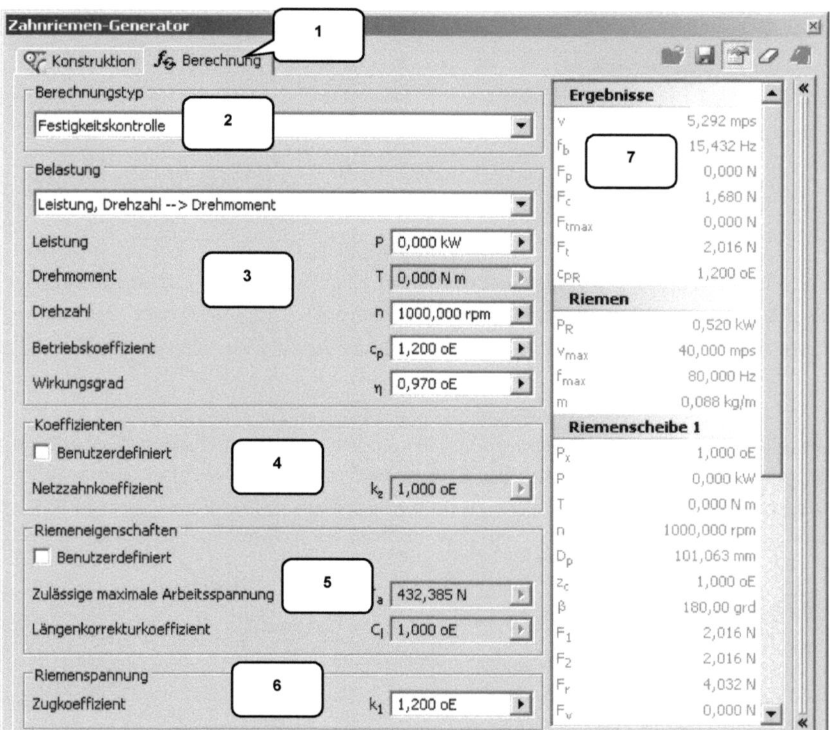

Im Register **Berechnung** kann der Riemenantrieb dimensioniert und natürlich auch berechnet werden.

1) Register: Konstruktion/ Berechnung	5) Riemeneigenschaften
2) Berechnungstyp	6) Riemenspannung
3) Belastung	7) Berechnungsergebnisse
4) Koeffizienten	

6.2.2 Zahnriemenantrieb zwischen Nocken-und Kurbelwelle erzeugen

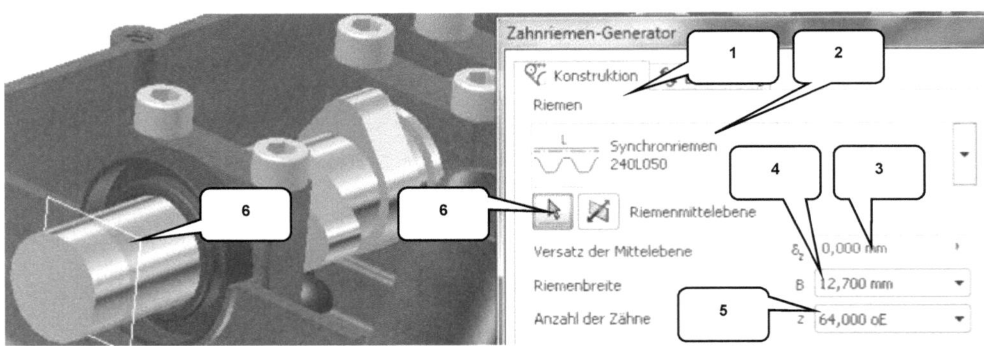

Wählen Sie im Register ᴿ **Konstruktion** (1) per Klick auf das ⌒ **Riemensymbol** (2) den Riementyp **Synchronriemen L** und wählen Sie einen Versatz von **0 mm** (3). Stellen Sie eine Riemenbreite von **12,7 mm** (4) ein und legen Sie die Anzahl der Zähne mit dem Wert **64** (5) fest.

Die axiale Platzierung des Riemens soll direkt an Nocken- und Kurbelwelle erfolgen, wobei die jeweiligen zylindrischen Flächen als Referenzen auszuwählen sind. Als radiale ᴿ **Referenzebene** ist die markierte Ebene (6) zu verwenden: sie befindet sich auf der Nockenwelle.

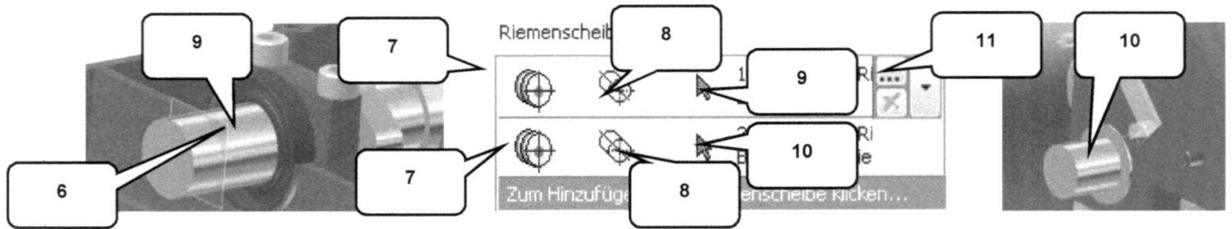

Im Auswahlfeld der **Riemenscheiben** müssten bereits zwei Riemenscheiben vordefiniert sein. Achten Sie darauf, dass in beiden Zeilen jeweils die Optionen ⊕ Komponente **Komponente** (7) und ⊗ Feste Position **Feste Position über ausgewählte Geometrie** (8) aktiviert ist[2].

---

[2] Sollten andere als die geforderten Optionen aktiviert sein, müssen diese korrigiert werden.

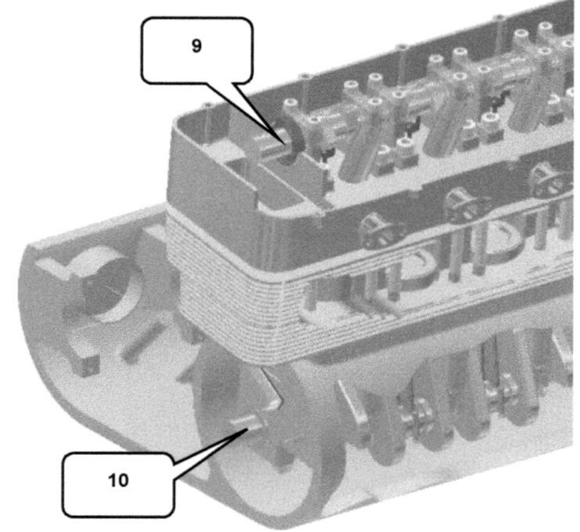

Weisen Sie der ersten Riemenscheibe die Zylinderfläche der Nockenwelle (9) zu und der zweiten Riemenscheibe die Zylinderfläche der Kurbelwelle (10)[3].

Klicken Sie auf die Zeile des ersten Riemenrades und öffnen Sie dort die ⌐…⌐ *Eigenschaften* (11). Aktivieren Sie dort die **Benutzerdefinierte Größe** (12) und übernehmen Sie alle Einstellungen und Werte der folgenden Abbildung. Sobald alles erledigt wurde kann der Befehl durch ⌐ OK ⌐ *OK* beendet werden.

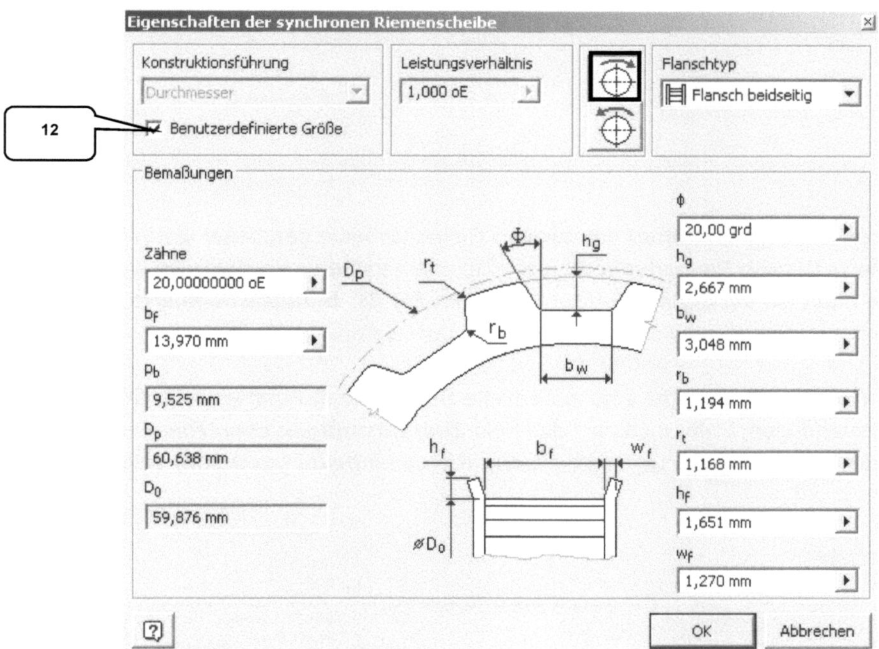

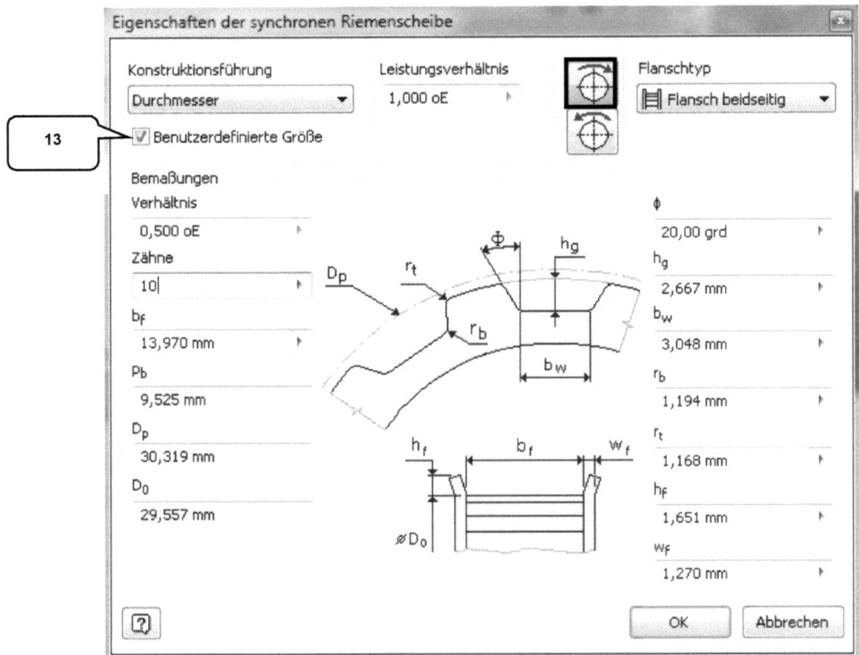

Jetzt können die **Eigenschaften** der zweiten Riemenscheibe bearbeitet werden, wofür die zweite Zeile im Bereich **Riemenscheiben** des Zahnriemen-Generators aktiviert werden muss. Öffnen Sie darin die ⊡ **Eigenschaften**, aktivieren Sie die **Benutzerdefinierte Größe** (13) und übernehmen Sie die restlichen Einstellungen der oberen Abbildung.

Zum Spannen des Riemens ist eine zusätzliche Spannrolle in Form einer flachen Riemenscheibe hinzuzufügen. Dafür muss auf das Feld **Zum Hinzufügen einer Riemenscheibe ...** (14) geklickt werden, um die benötigte **Flache Riemenscheibe (metrisch)** (15) auswählen zu können.

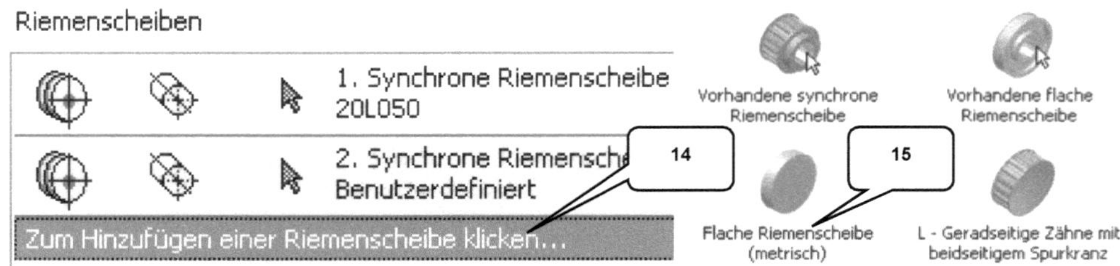

Aktivieren Sie in der neuen Zeile die Optionen ⊕ Komponente **Komponente** (16), die ⬡ **Richtungs-orientierte verschiebbare Position** (17) und als ⬡ **Richtungsreferenz** die Ebene (18) am Bauteil **Führung-Spannrolle-Zahnriemen**.

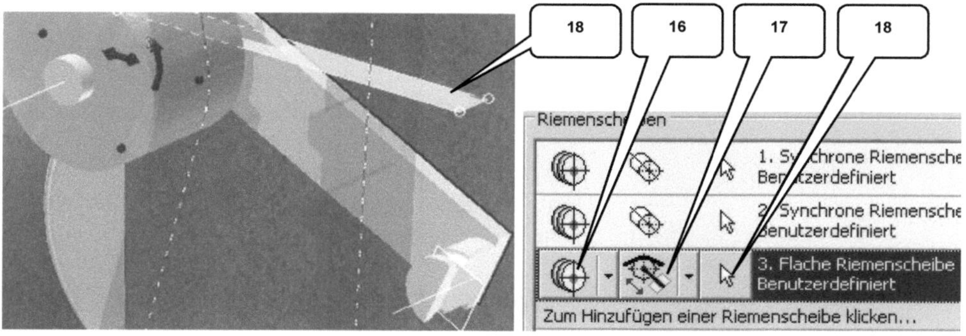

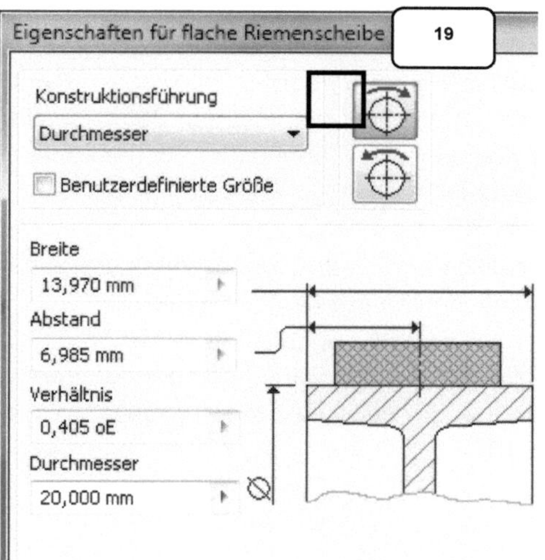

Die ⬡ **Richtungsorientierte verschiebbare Position** ermöglicht der Riemenscheibe, sich frei planar bewegen zu können. Somit kann das Programm die Zahnriemenlänge (unter Beachtung der technischen Randbedingungen) berechnen[4].

Öffnen Sie hierfür die ⋯ **Eigenschaften** der flachen Riemenscheibe und übernehmen Sie die Vorgaben der nebenstehenden Abbildung (19).

Derzeit verläuft der Zahnriemen noch links neben der Spannrolle (20). Aufgrund der konstruktiven Eigenschaften des Zahnriemens (außen glatt und innen gezahnt) wäre das natürlich falsch. Klicken Sie zur Korrektur auf den **gebogenen Pfeil** der Spannrolle (21) und der Verlauf des Zahnriemens sollte sich selbstständig korrigieren (22).

---

[4] Zahnriemenantriebe unterliegen festen Berechnungsvorschriften. Um dem Programm zu ermöglichen, die Riemenlänge unter Beachtung aller Parameter korrekt errechnen zu können, ist es notwendig, eine der drei Riemenscheiben mit einem zusätzlichen Freiheitsgrad zu versehen: Er ermöglicht eine Korrektur der Riemenlänge.

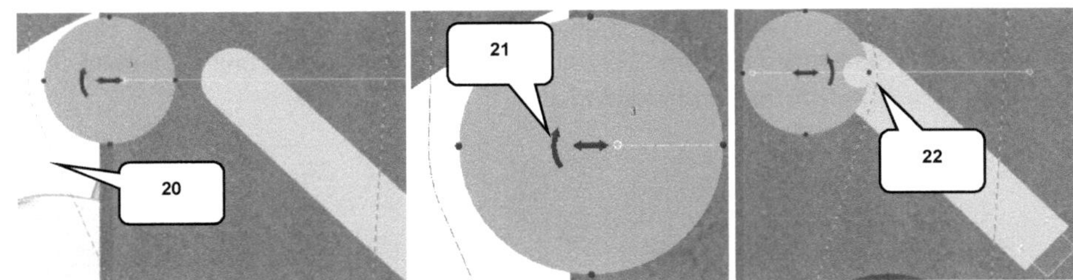

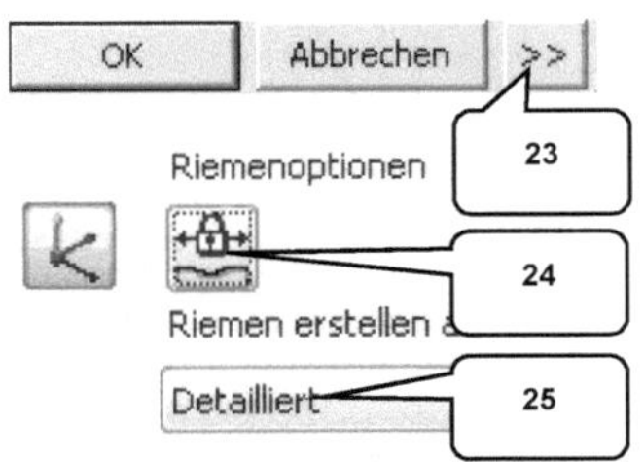

Der richtige Verlauf des Riemens ist in der oberen rechten Abbildung dargestellt worden. Der Riementrieb kann anschließend berechnet werden.

>> **Erweitern** Sie das Befehlsfenster (23) und deaktivieren Sie im unteren Bereich des Zahnriemen-Generators die **Riemenlängensperre** (24).

Stellen Sie die Option **Detailliert** (25) ein und wechseln Sie ins Register $f_\odot$ Berechnung **Berechnung**, um die Berechnen **Berechnung** zu starten. OK **OK** beendet den Befehl abschließend. [5] Die Abfrage nach dem Speicherort der Komponenten Zahnriemen, Riemenräder und Spannrolle kann ebenfalls durch OK **OK** bestätigt werden[6].

Innerhalb des Projektordners sollte jetzt automatisch ein neuer Ordner **Konstruktions-Assistent** erstellt werden. Er enthält die neuen Komponenten aus dem Generator.

Nachdem der Zahnriemen konstruiert wurde, sollte die gesamte Baugruppe **gespeichert** werden. Dabei ist darauf zu achten, die Option Ja für alle **Ja für alle** zu aktivieren (erst dann werden die neuen Komponenten auch sicher gespeichert).

---

[5] Sollte während der Berechnung des Riemenantriebs eine Fehlermeldung angezeigt werden, bestätigen Sie sie einfach. Leider reagiert das Programm auf kleine Abweichungen oft sehr sensibel, was der erfolgreichen Konstruktion allerdings keine großen Probleme bereiten wird.

[6] Soll der Zahnriemenantrieb später bearbeitet werden, so muss (am besten im Browser) mit der **rechten Maustaste** darauf geklickt und im Kontextmenü die Option **Mit Konstruktions-Assistent bearbeiten** ausgewählt werden. Um den kompletten Zahnriemenantrieb aus der Baugruppe zu löschen, muss im Kontextmenü die Option **Konstruktions-Assistent-Komponente löschen** ausgewählt werden. Dieses Vorgehen funktioniert bei allen Elementen des Registers **Konstruktion**, die über Programm-Generatoren erstellt wurden.

6.2.3 Befehlsgrundlagen ZUGFEDER-KOMPONENTEN-GENERATOR

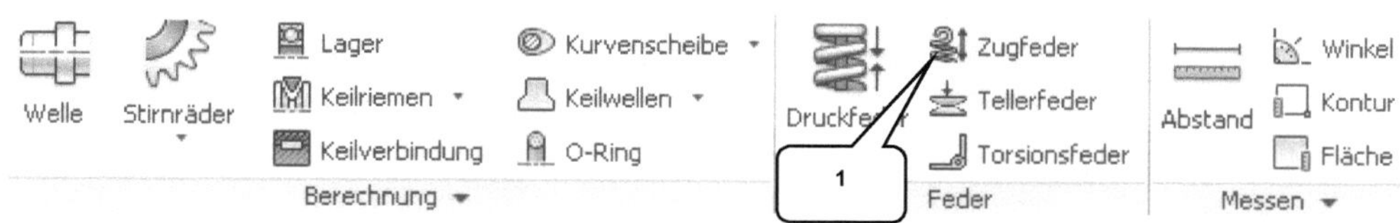

Mit dem **Zugfeder-Komponenten-Generator** (1) können Zugfedern konstruiert und berechnet werden. Leider kann dabei nicht auf bereits vorhandene geometrische Elemente in der Baugruppe bezogen platziert werden, weshalb sie manuell mit Abhängigkeiten versehen werden müssen.

6.2.3.1 Register KONSTRUKTION

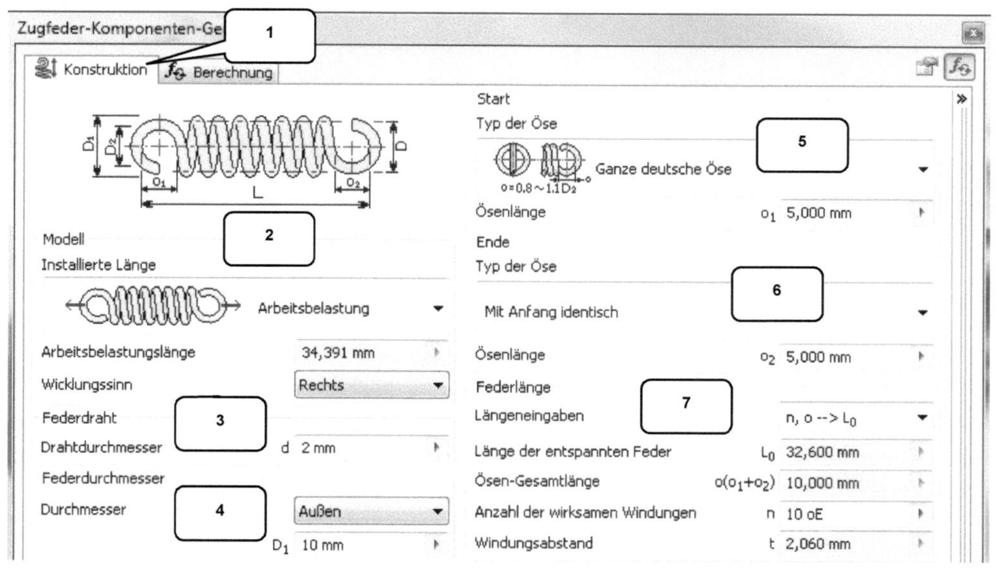

INHALT

Im Register **Konstruktion** können Federform, Drahtdurchmesser, Typ der Öse und Federlänge definiert werden.

1) Register: Konstruktion/ Berechnung
2) Darzustellende Belastung
3) Durchmesser Federdraht
4) Durchmesser Feder

5) Typ der ersten Öse
6) Typ der zweiten Öse
7) Federlänge

6.2.3.2 Register BERECHNUNG

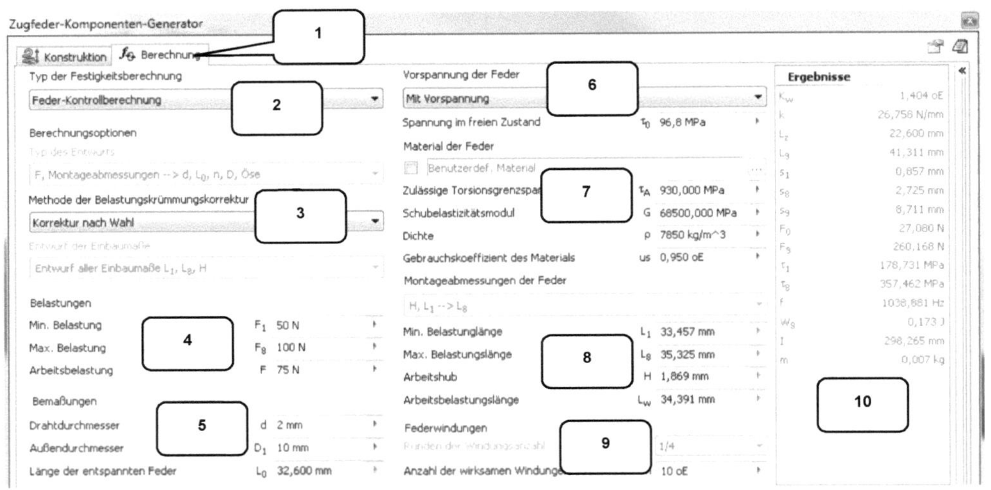

Im Register **Berechnung** werden der Typ der Festigkeitsberechnung definiert (Zugfederentwurf, Feder-Kontrollberechnung, Berechnung der Arbeitskräfte) und Belastungen, Bemaßungen, Vorspannungen, Material, Windungen und Abmessungen festgelegt.

1) Register: Konstruktion/ Berechnung
2) Typ der Festigkeitsberechnung
3) Berechnungsoptionen
4) Belastungen
5) Bemaßungen

6) Vorspannung der Feder
7) Federmaterial
8) Montageabmessungen der Feder
9) Federwindungen
10) Berechnungsergebnisse

6.2.4   Spannrolle des Zahnriemens mit einer Zugfeder beaufschlagen

Um den Riemenspanner des Zahnriemens mit einer kontinuierlichen Kraft beaufschlagen zu können, soll eine einfache Zugfeder in das System integriert werden. Sie wird den Riemenspanner gegen den Zahnriemen drücken und den Riemen somit spannen. Als Federtyp verwenden wir eine Spiralfeder mit beidseitig geschlossenen Ösen.

Übernehmen Sie die Vorgaben der Register **Konstruktion** (1) und **Berechnung** (2) aus den folgenden Abbildungen und starten Sie anschließend die Berechnung der Feder (3). Nach ihrer Fertigstellung kann sie dann einmal frei im Zeichenbereich abgelegt werden. Ihre Positionierung muss leider manuell erfolgen.

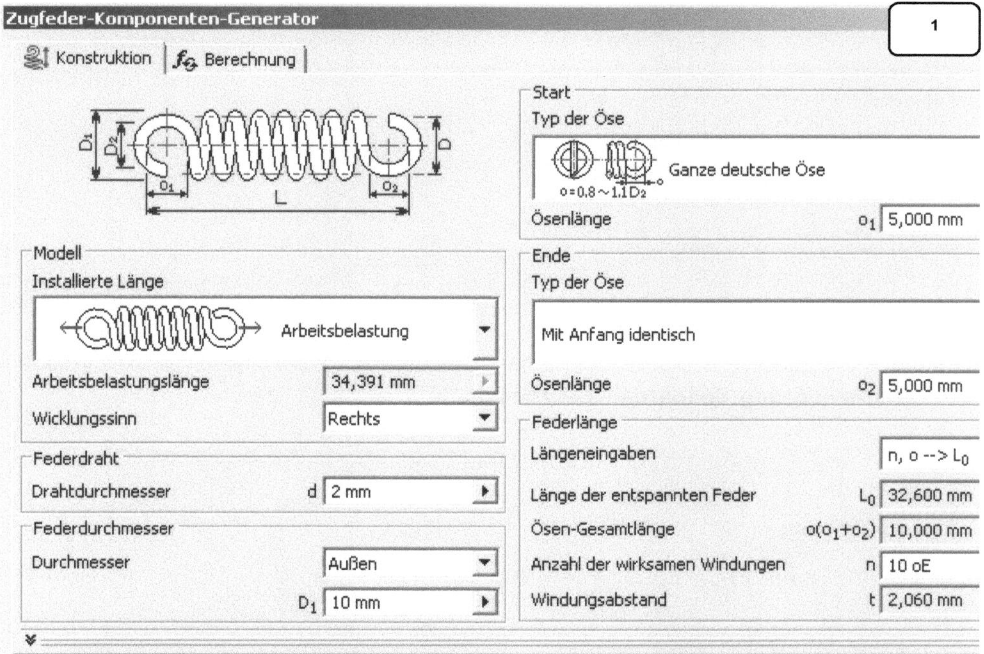

Insgesamt sind drei Abhängigkeiten zu setzen, welche über den Befehl **Abhängig machen** im Register **Zusammenfügen** zu erstellen sind.

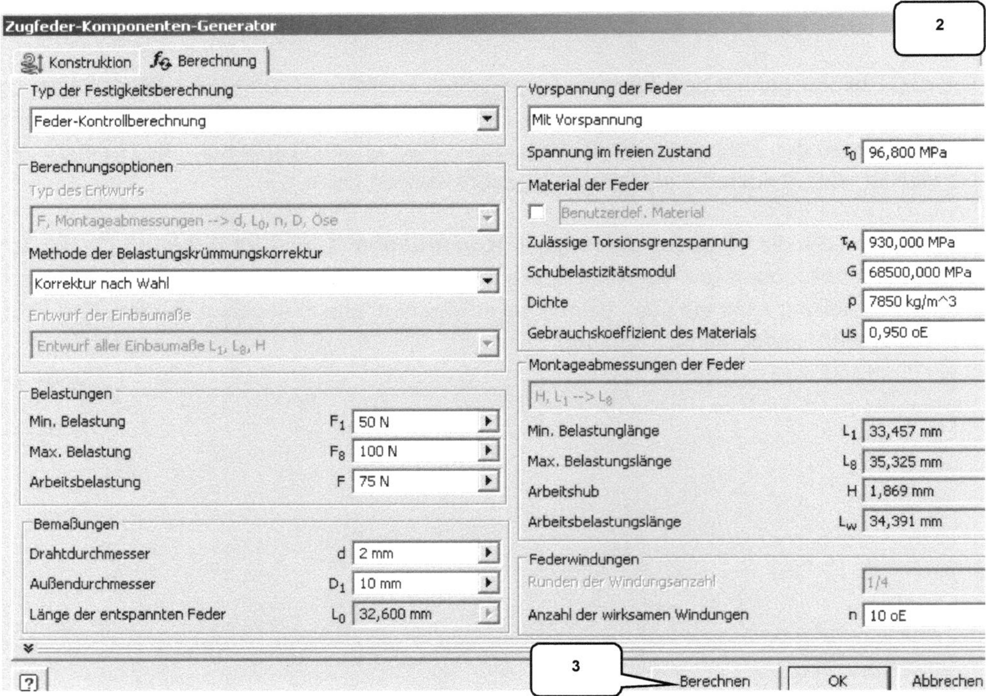

Verbinden Sie zuallererst die **XY-Ebene** der Zugfeder (4) mit der markierten **Arbeitsebene** des Bauteils **Führung-Spannrolle-Zahnriemen** (5).

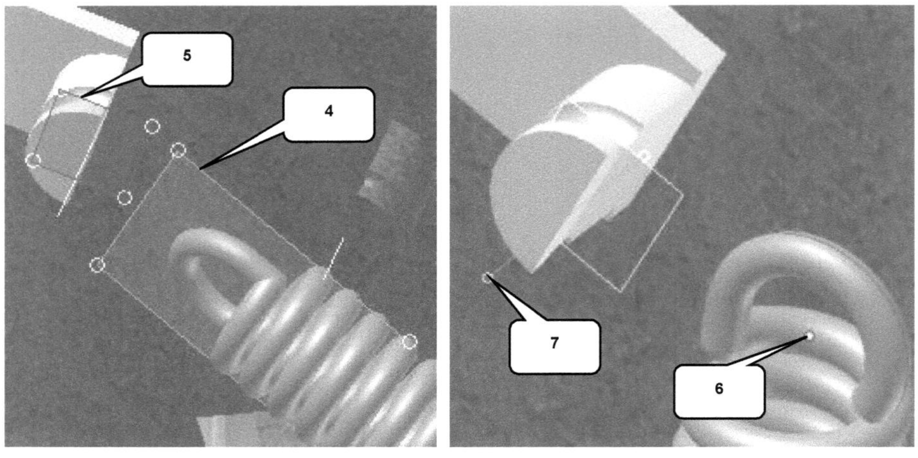

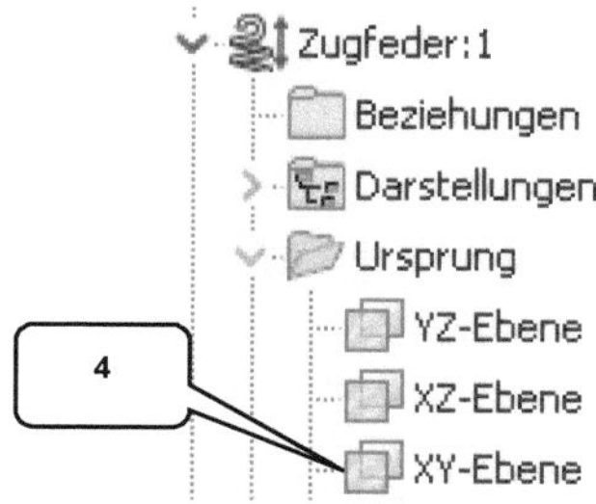

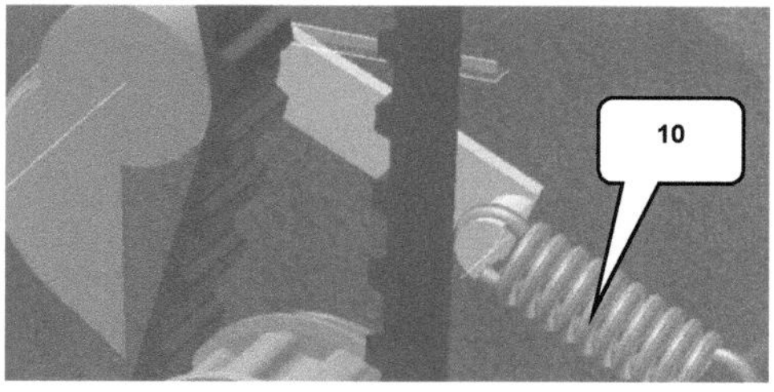

Anschließend können die **Mittelpunkte** der Federösen (6) und (8) mit den markierten **Achsen** (7) und (9) verbunden werden. Im Bild (10) wird die Feder in ihrer endgültigen Lage dargestellt.

Speichern Sie die gesamte Baugruppe im Anschluss daran und achten Sie auch diesmal wieder darauf, die Option `Ja für alle` **Ja für alle** zu aktivieren.

6.3 Konstruktion einer Druckfeder
6.3.1 Erzeugen einer geschnitten dargestellten Ansicht

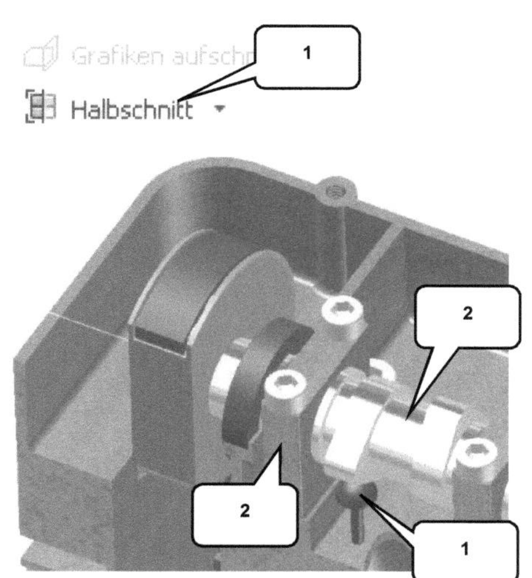

Auch zwischen den einzelnen **Ventilen** (1) und dem **Zylinderkopf** (2) sollen zusätzliche Spiralfedern (diesmal als Druckfedern) erzeugt werden. Sie werden die Ventile konstant gegen die Nockenwelle pressen.

Zur besseren Ansicht ist die Baugruppe geschnitten darzustellen. Wechseln Sie hierfür ins Register **Ansicht**, starten Sie den Befehl **Halbschnitt** (1) in der Befehlsgruppe **Darstellung** und wählen Sie die markierte Seitenfläche (2) des Nockenwellenhalters als Referenzfläche.

Bestätigen Sie die Auswahl mit **OK** und kehren Sie dann wieder ins Register **Konstruktion** zurück.

6.3.2   Befehlsgrundlagen DRUCKFEDER-GENERATOR

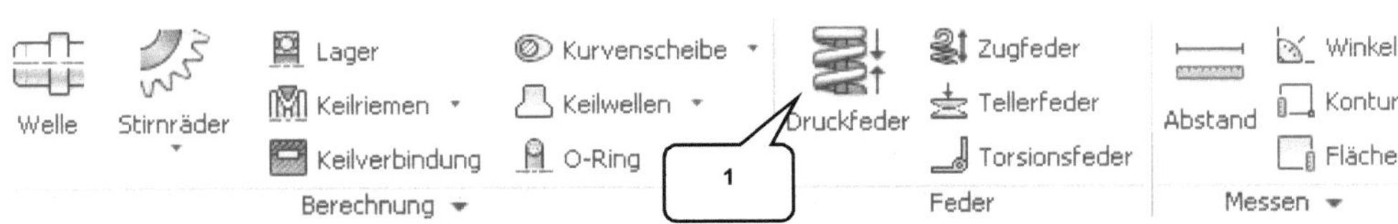

Sollen Druckfedern konstruiert und berechnet werden so kann der Befehl **Druckfeder-Generator** (1) verwendet werden. Im Gegensatz zum Zugfedern-Generator können Elemente aus dem Druckfeder-Generator bereits während ihrer Konstruktion aus dem Befehl heraus platziert und positioniert werden.

6.3.2.1   Register KONSTRUKTION

INHALT

Im Register *Konstruktion* kann die Druckfeder definiert und auf vorhandene geometrische Referenzen der Baugruppe bezogen werden. Weiterhin sind die physikalischen Eigenschaften, wie Federanfang, Federende, Federlänge und Federdurchmesser auszuwählen.

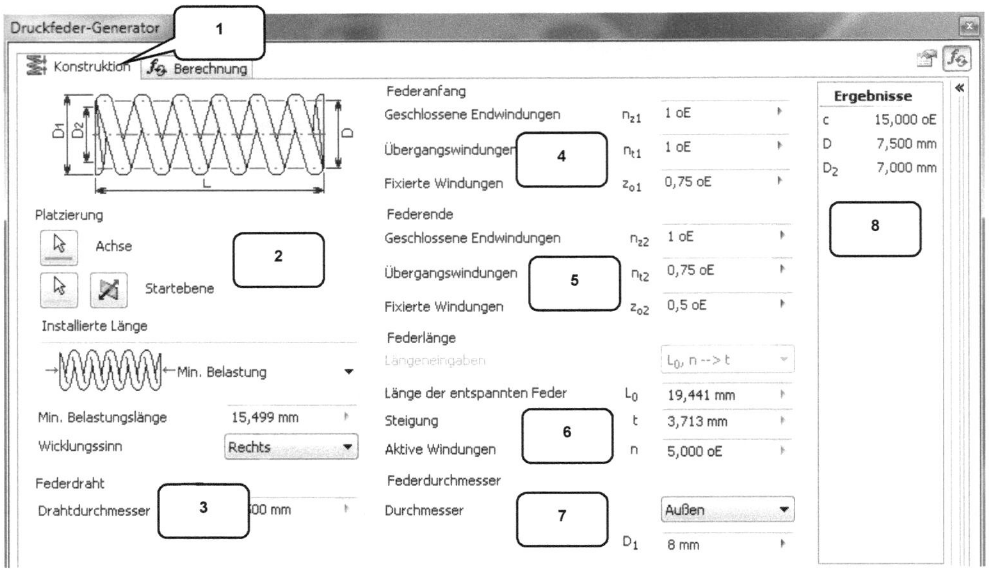

OPTIONEN

1) Register: Konstruktion/ Berechnung
2) Platzierung (Achse, Ebene), Federbelastung
3) Federdrahtdurchmesser
4) Federanfang

5) Federende
6) Federlänge
7) Federdurchmesser
8) Berechnungsergebnisse

6.3.2.2   Register BERECHNUNG

INHALT

Im Register **Berechnung** werden Berechnungstyp, Berechnungsoptionen, Federmaterial und Federbelastung definiert.

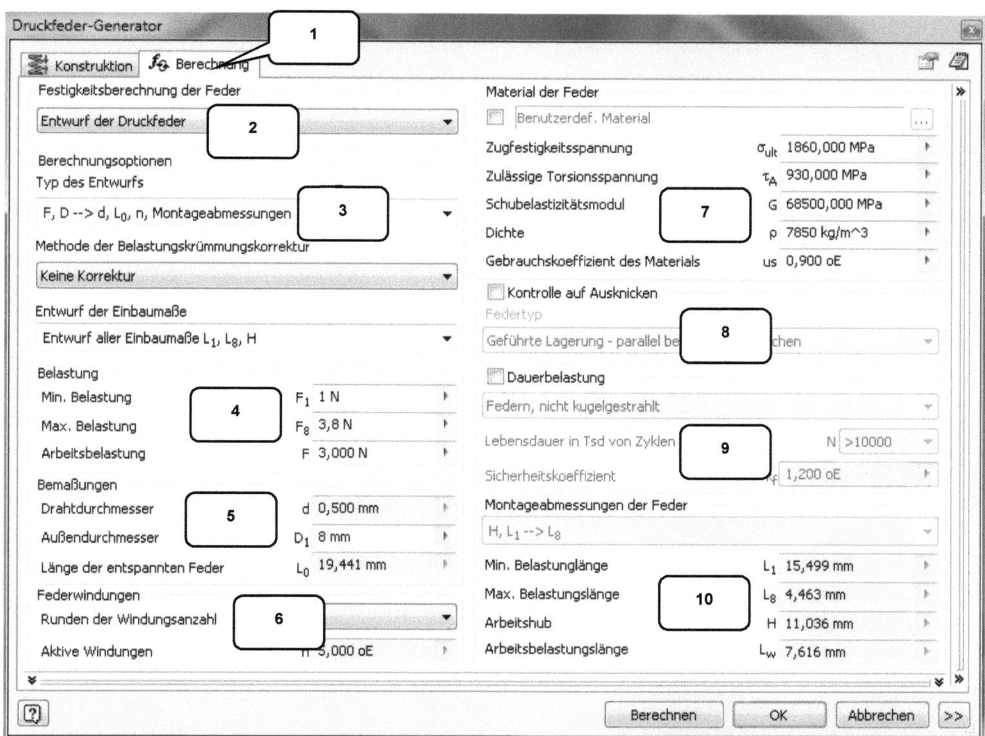

1) Register: Konstruktion/ Berechnung
2) Berechnungstyp
3) Berechnungsoptionen
4) Belastung
5) Bemaßungen

6) Windungen
7) Federmaterial
8) Kontrolle auf Ausknicken
9) Dauerbelastung
10) Montageabmessungen der Feder

6.3.3 Druckfeder zwischen Ventil und Zylinderkopf erzeugen

Im Register **Konstruktion** sollten zuerst die geometrischen Referenzen definiert werden: Als **Achse** ist die Zylinderfläche des Ventils (1) zu wählen und als **Startebene** die Oberfläche des Zylinderkopfes (2). Alle Werte und Einstellungen der Register **Konstruktion** (3) und **Berechnung** (4) sind den folgenden Abbildungen zu entnehmen.

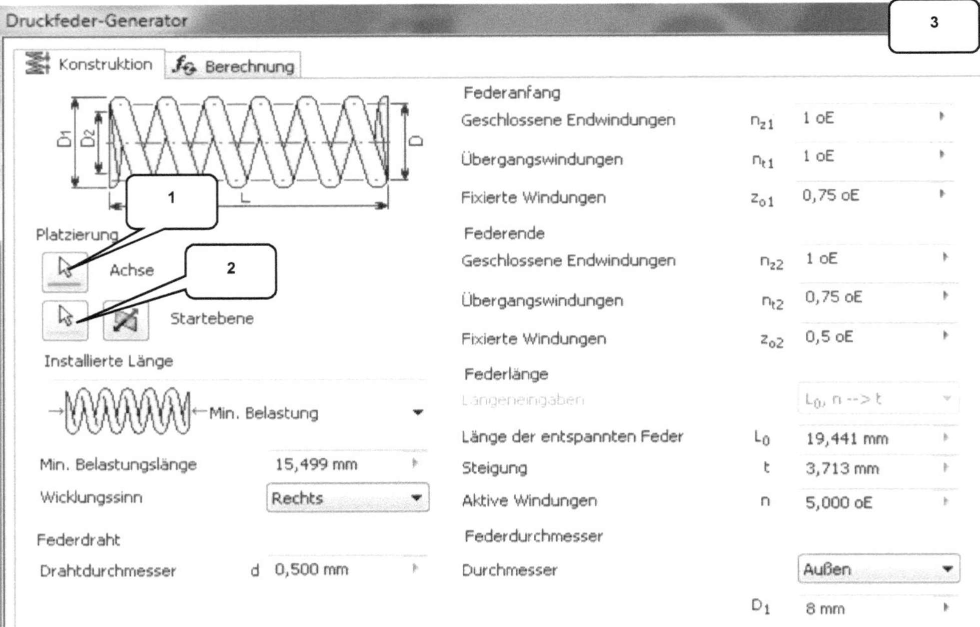

Druckfeder-Generator

Konstruktion | f_Θ Berechnung

Festigkeitsberechnung der Feder

Entwurf der Druckfeder

Berechnungsoptionen
Typ des Entwurfs

F, D --> d, L_0, n, Montageabmessungen

Methode der Belastungskrümmungskorrektur

Keine Korrektur

Entwurf der Einbaumaße

Entwurf aller Einbaumaße L_1, L_8, H

Belastung
Min. Belastung F_1 1 N
Max. Belastung F_8 3,8 N
Arbeitsbelastung   F 3,000 N

Bemaßungen
Drahtdurchmesser   d 0,500 mm
Außendurchmesser D_1 8 mm
Länge der entspannten Feder L_0 19,441 mm

Federwindungen
Runden der Windungsanzahl   1
Aktive Windungen   n 5,000 oE

Material der Feder

Benutzerdef. Material

Zugfestigkeitsspannung σ_{ult} 1860,000 MPa
Zulässige Torsionsspannung τ_A 930,000 MPa
Schubelastizitätsmodul   G 68500,000 MPa
Dichte ρ 7850 kg/m^3
Gebrauchskoeffizient des Materials   us 0,900 oE

Kontrolle auf Ausknicken
Federtyp

Geführte Lagerung - parallel bearb. Auflageflächen

Dauerbelastung

Federn, nicht kugelgestrahlt

Lebensdauer in Tsd von Zyklen   N >10000

Sicherheitskoeffizient k_f 1,200 oE

Montageabmessungen der Feder

H, L_1 --> L_8

Min. Belastunglänge L_1 15,499 mm
Max. Belastungslänge L_8 4,463 mm
Arbeitshub   H 11,036 mm
Arbeitsbelastungslänge L_W 7,616 mm

5

Berechnen   OK   Abbrechen

4

HINWEIS: Der Wert der *minimalen Belastungslänge* wird automatisch anhand der restlichen Eingaben berechnet und muss daher nicht vorgegeben werden.

Wurden alle Werte übertragen, kann mit der [Berechnen] **Berechnung** (5) gestartet werden. Sobald diese durchgeführt wurde, können die Ergebnisse durch einen Klick auf [OK] **OK** übernommen werden und auch die Schnittdarstellung der Baugruppe kann wieder beendet werden (Register **Ansicht**, Befehl Schnitt beenden **Schnitt beenden**). **Speichern** Sie die Baugruppe zum Ende dieser Übung noch einmal und denken Sie daran [Ja für alle] **Ja für alle** zu aktivieren.

7 Getriebekonstruktion

7.1 Theoretische Grundlagen zum Getriebeaufbau

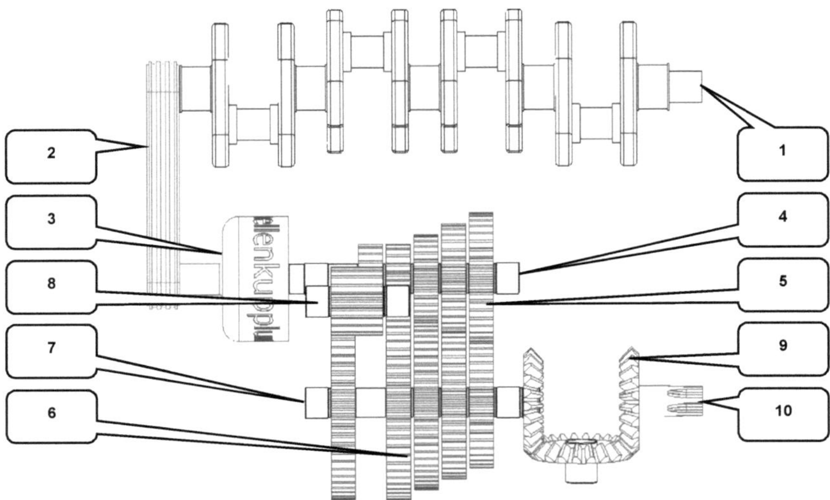

In unserem Übungsbeispiel soll der Kraftfluss von der Kurbelwelle (1) über eine Rollenkette (2) und dann weiter zur Kupplung (3) geleitet werden. Von dort aus geht es dann weiter zur Antriebswelle (4).

Das verwendete Getriebe soll ein Ziehkeilgetriebe werden, bei welchem alle Zahnradpaare ständig im Eingriff sind. Die Zahnräder (5) der Antriebswelle sind dabei fest mit dieser verbunden, die Zahnräder (6) der Abtriebswelle können sich grundlegend frei auf dieser Welle drehen. Um die Abtriebswelle (7) mit einem der Abtriebsräder zu verbinden zu können, wird sie mit einer konstruktiven Besonderheit versehen: Sie ist innen hohl und führt dort einen Keil, der Zahnrad und Welle miteinander verbinden kann. Er wird durch eine Rollenkette bewegt, welche axial durch die Welle verläuft.

Bei aktiviertem Rückwärtsgang wird der Kraftfluss zusätzlich über die Rücklaufachse (8) geleitet und dann erst auf die Abtriebswelle übertragen. Dabei ändert sich die Drehrichtung.

Von der Abtriebswelle verläuft der Kraftfluss danach weiter zum Kegelradgetriebe (9). Eine Keilwellenverbindung (10) gewährleistet den Übergang aus dem Getrieberaum heraus.

7.2 Lagerung der Wellen
7.2.1 Lagerhalterungen importieren

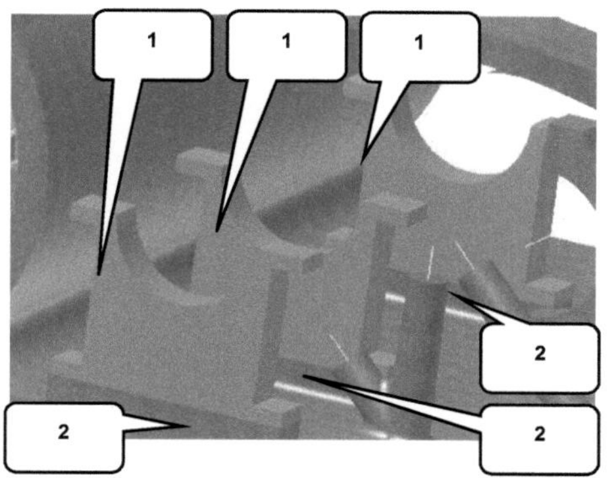

Platzieren Sie das Bauteil ***Antriebswelle-Zwischenhalter.ipt*** insgesamt drei Mal (1) in der Baugruppe (Komponente platzieren). Positionieren Sie die Zwischenhalter wie in der nebenstehenden Abbildung dargestellt passend auf den Sockeln (2) des Gehäuses (Befehl Abhängig machen). Achten Sie dabei darauf, dass die Kontaktflächen beider Bauteile bündig miteinander abschließen.

7.2.2 Befehlsgrundlagen LAGER-GENERATOR

Müssen Wälzlager berechnet und platziert werden, kann der Lager-Generator (1) verwendet werden. Wälzlager können damit dimensioniert und positioniert werden.

7.2.2.1 Register KONSTRUKTION

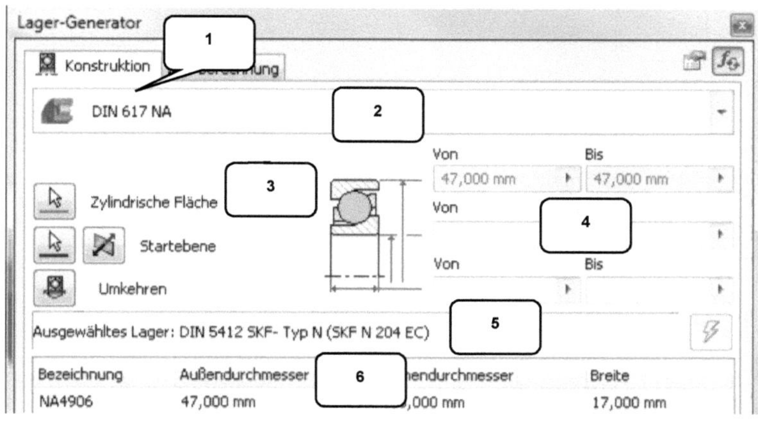

Im Register ***Konstruktion*** werden Typ, Größe und Position eines Lagers definiert.

1) Register: Konstruktion/ Berechnung	4) Abmessungen
2) Lagertyp	5) Lager regenerieren
3) Platzierung	6) Verfügbare Lagergrößen

7.2.2.2 Register BERECHNUNG

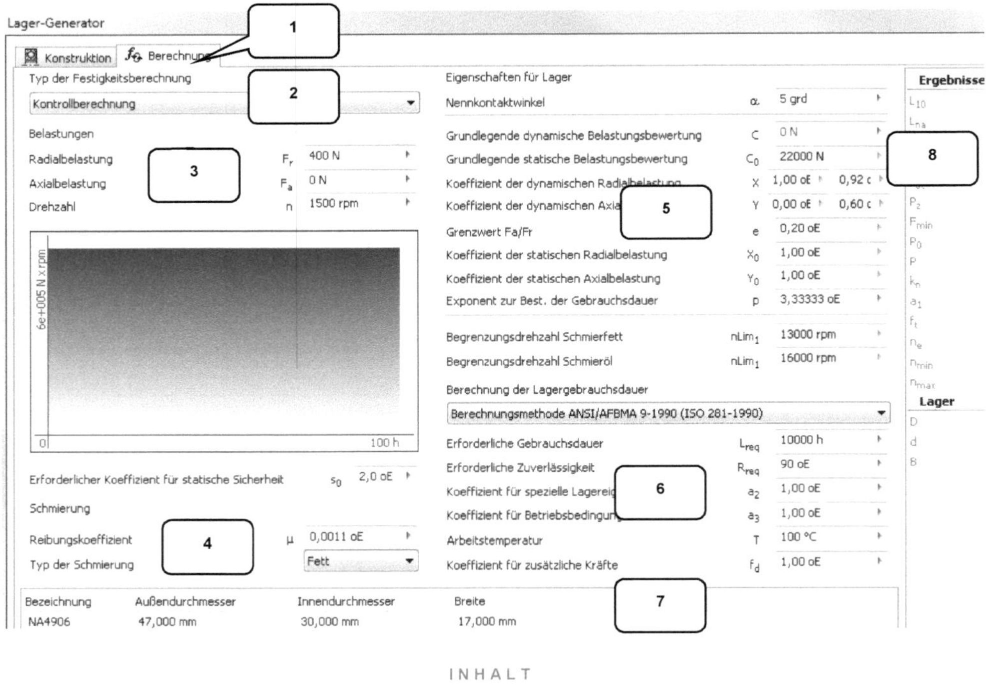

Im Register **Berechnung** sind alle Parameter wie der Typ der Festigkeitsberechnung, Belastungen, Schmierung und Lebensdauer festzulegen.

1) Register: Konstruktion/ Berechnung	5) Eigenschaften des Lagers
2) Typ der Festigkeitsberechnung	6) Gebrauchsdauer
3) Belastungen	7) Verfügbare Lagergrößen
4) Schmierung	8) Berechnungsergebnisse

7.2.3 Erstellen eines Zylinderrollenlagers

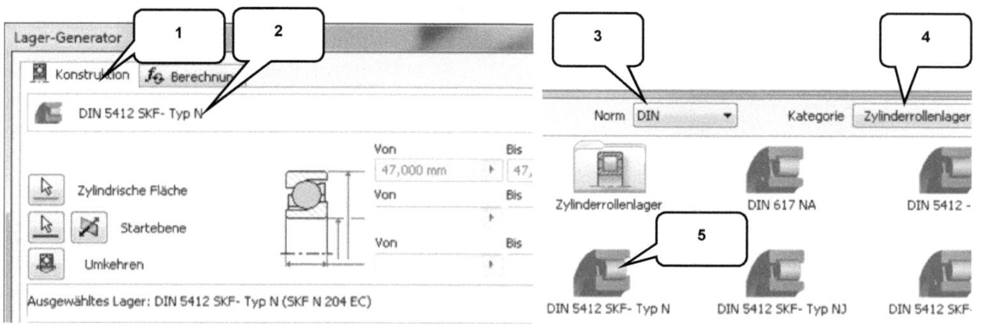

Erweitern Sie im Register **Konstruktion** (1) das Auswahlmenü des **Lagertyps** (2) und wählen Sie darin die Norm **DIN** (3). Aktivieren Sie danach die Kategorie **Zylinderrollenlager** (4) und wählen den Typ **DIN 5412 SKF – TYP N** (5).

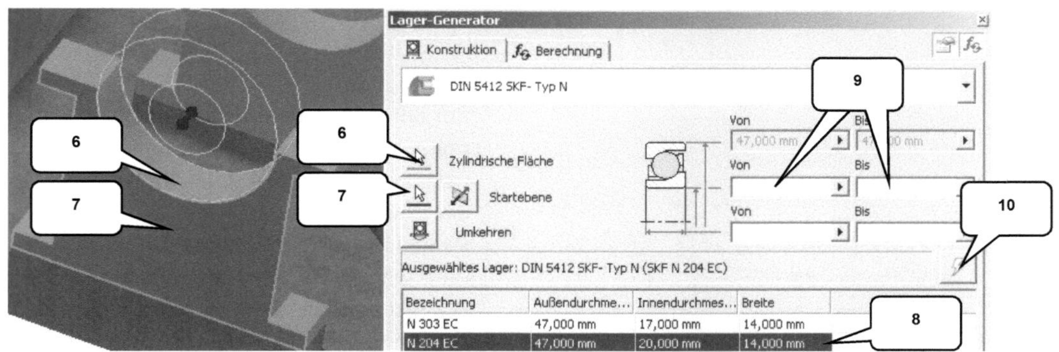

Als Referenz für die ⬚ **zylindrische Fläche** (6) ist die markierte Zylinderfläche der Aussparung zu verwenden und als ⬚ **Startebene** (7) die Stirnfläche des gleichen Führungselementes. In der Tabelle im unteren Bereich des Befehlsfensters ist das Lager der zweiten Zeile (8) mit den Werten: N 204 EC[7], $D_{Außen}$: 47 mm, D_{Innen}: 20 mm, Breite: 14 mm zu aktivieren. Der Befehl kann im Anschluss daran mit ⬚ OK **OK** bestätigt werden.

Nach der Erstellung des ersten Zylinderrollenlagers sind fünf weitere, identische Lager zu erzeugen. Sie können auch als Kopien des ersten Lagers erstellt werden.

---

[7] Sollte das gesuchte Lager **N 204 EC** nicht in der Tabelle verfügbar sein, muss noch einmal konrtolliert werden, ob eventuell abweichende Randbedingungen für die Durchmesser ($D_{Außen}$, D_{Innen}) definiert wurden (9). Wenn ja, sind die Zellen zu bereinigen und die Tabelle muss ⚡ **aktualisiert** werden (10).

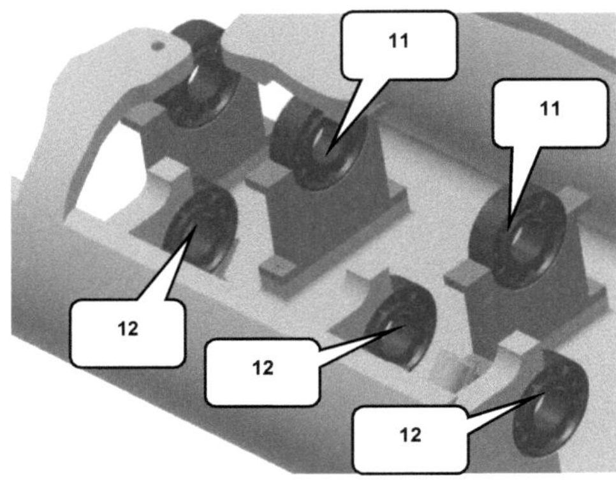

Klicken Sie mit der *rechten Maustaste* im Zeichenbereich auf das bereits vorhandene Lager und wählen Sie im Kontextmenü die Option *Kopieren*. Per *rechter Maustaste* und der Option *Einfügen* sind insgesamt 5 Kopien zu erstellen und frei abzulegen.

Verwenden Sie den Befehl ⌐ **Abhängig machen** um die Lager zu platzieren: Zwei Lager sind an den beiden Zwischenhalter (11) zu befestigen und drei Lager am Motorgehäuse (12).

7.2.4 Browser strukturieren

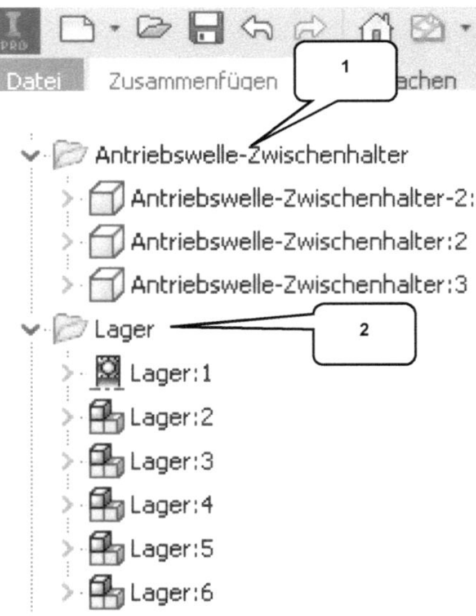

Zur besseren Übersicht sollen einige Komponenten in Ordnern zusammengefasst werden. Markieren Sie im Browser zuerst die drei Zwischenhalter der Antriebswelle, klicken Sie mit der *rechten Maustaste* darauf, wählen Sie im Kontextmenü die Option *Zu neuem Ordner hinzufügen* und verwenden Sie die Bezeichnung *Antriebswelle-Zwischenhalter* (1).

Wiederholen Sie diesen Schritt bei den sechs Zylinderrollenlagern und verwenden Sie die Ordner-Bezeichnung *Lager* (2).

Markieren Sie die Zylinderrollenlager anschließend und weisen Sie ihnen eine Farbe zu (z. B. *Blau-Wandfarbe-glänzend* (3)).

7.2.5 Importieren der oberen Lagerhalterungen

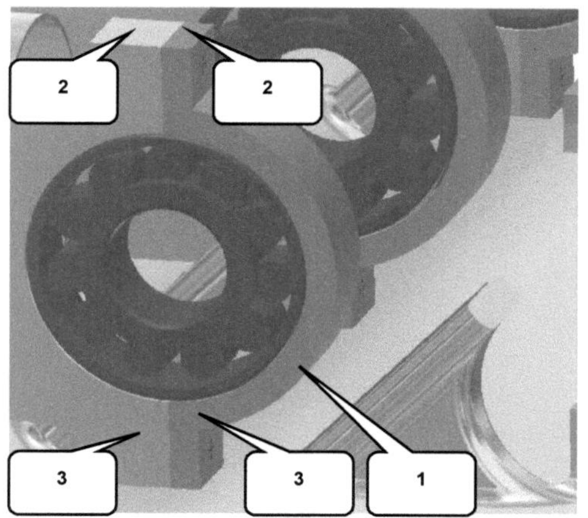

Platzieren Sie das Bauteil ***Antriebs-Abtriebswelle-Halter.ipt*** (1) aus dem Projektordner und legen Sie es (einmal) frei in der Baugruppe ab. Setzen Sie zwei fluchtende **Abhängigkeiten** (2, 3), um das neue Bauteil mit dem Motorgehäuse an der nebenstehend dargestellten Position zu befestigen und das Zylinderrollenlager damit zu fixieren.

Fügen Sie danach fünf weitere Halter in die Baugruppe ein. Diese sind an den restlichen Zylinderrollenlager zu befestigen.

7.2.6 Browser strukturieren

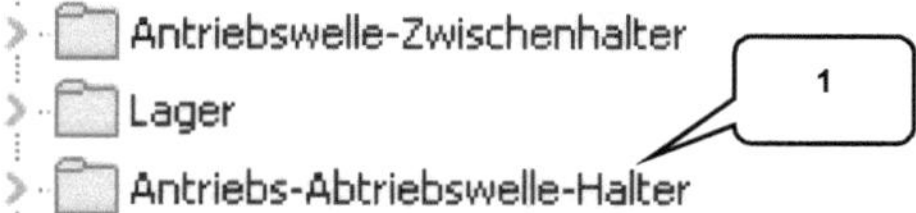

Markieren Sie im Browser die sechs zuletzt eingefügten Halter und erzeugen Sie daraus den Ordner ***Antriebs-Abtriebswelle-Halter*** (1).

7.3 Befestigung der Lagerhalterungen

Die Lagerhalterungen sind durch Schraubenverbindungen am Motorgehäuse bzw. am Zwischenhalter der Antriebswelle zu befestigen, wobei die dafür benötigten Bohrungen noch erzeugt werden müssen. Eine sehr komfortable Lösung bietet hierfür der ***Schraubenverbindungs-Generator***. Er ermöglicht es, in einem einzigen Arbeitsschritt Verbindungssysteme (bestehend aus Schrauben, Scheiben und Muttern) zu generieren und zeitgleich die dafür benötigten Bohrungen in die Bauteile einzubringen.

7.3.1 Befehlsgrundlagen SCHRAUBENVERBINDUNGS-GENERATOR

Mit dem **Schraubenverbindungs-Generator** (1) können Schraubenverbindungen, bestehend aus Schrauben, Scheiben und Muttern, erstellt sowie Festigkeits-, Belastungs- und Ermüdungsberechnungen durchgeführt werden. Die benötigten Bohrungen bzw. Gewindebohrungen werden dabei automatisch berechnet und in die Bauteile eingefügt.

7.3.1.1 Register KONSTRUKTION

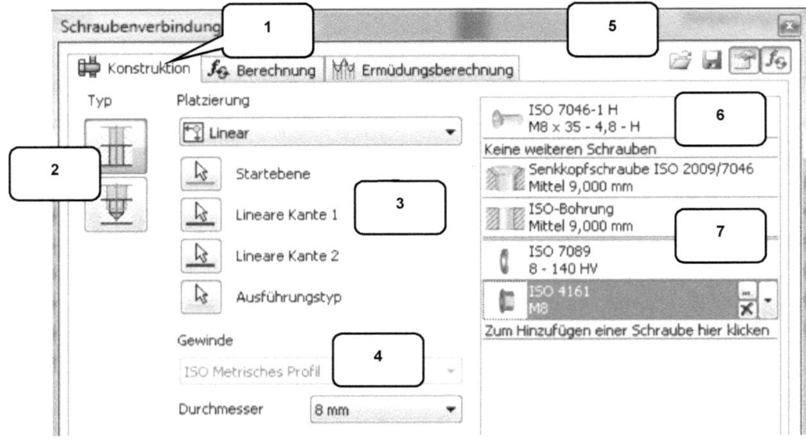

INHALT

Das Register **Konstruktion** dient zur Positionierung der Schraubenverbindung, zur Definition von Bohrungs- und Gewindetyp sowie zur Auswahl der zu montierenden Normteile.

OPTIONEN

1) Register: Konstruktion/ Berechnung/ Ermüdungsberechnung
2) Bohrungen durchgängig oder begrenzt erzeugen
3) Platzierungstyp (Linear, Konzentrisch, Auf Punkt, Nach Bohrung)
4) Gewindetyp
5) Einstellungen importieren/ exportieren, Berechnung, Dateibenennung
6) Komponenten einfügen
7) Vorschau in chronologischer Reihenfolge

7.3.1.2 Register BERECHNUNG

INHALT

Im Register **Berechnung**[8] kann die Schraubenverbindung auf ihre Belastbarkeit hin überprüft werden. Dabei stehen die folgenden grundsätzlichen Optionen zur Verfügung: Berechnung eines benötigten Schraubendurchmessers, Berechnung der benötigten Schraubenanzahl,

---

[8] Um das Register **Berechnung** öffnen zu können, muss im Register **Konstruktion** die Option **Berechnung** aktiviert worden sein.

Berechnung des notwendigen Schraubenmaterials oder eine Kontrollberechnung anhand einer Festigkeitsprüfung. Alle zur Berechnung benötigten Parameter (Kräfte, Momente, Materialien etc.) sind vor der Berechnung anzugeben.

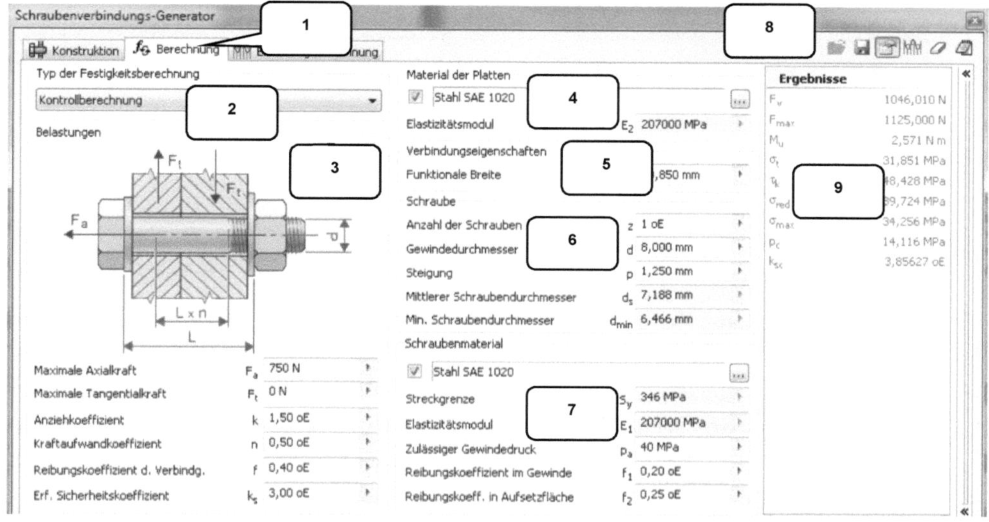

OPTIONEN

1) Register: Konstruktion/ Berechnung/ Ermüdungsberechnung
2) Typ der Festigkeitsberechnung
3) Belastungen
4) Plattenmaterial
5) Verbindungseigenschaften

6) Schraubeneigenschaften
7) Schraubenmaterial
8) Ermüdungsberechnung, Berechnung, Ergebnisdarstellung als *.html
9) Ergebnisdarstellung

7.3.1.3   Register ERMÜDUNGSBERECHNUNG

INHALT

Im Register *Ermüdungsprüfung*[9] können thermo-dynamische Belastungen berechnet werden, wobei die Kräfte schwankend, wiederkehrend, symmetrisch oder asymmetrisch zu beaufschlagen sind.

---

[9] Um das Register *Ermüdungsberechnung* öffnen zu können, muss im Register *Konstruktion* die Option *Ermüdungsberechnung* aktiviert worden sein.

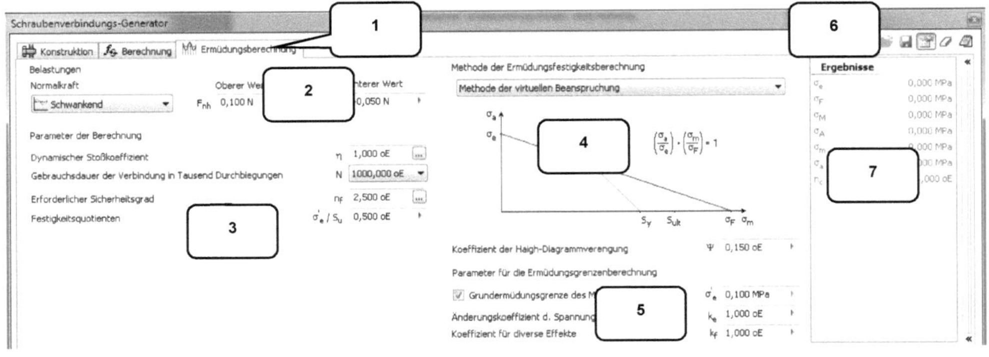

OPTIONEN

1) Register: Konstruktion/ Berechnung/ Ermüdungsberechnung

2) Belastungsart (schwankend, wieder-kehrend, asymmetrisch, symmetrisch umgekehrt)

3) Berechnungsparameter

4) Ermüdungsfestigkeitsberechnung

5) Parameter für die Ermüdungsgrenzen

6) Berechnungsvorlagen exportieren, Dateibenennung aktivieren/ deaktivie-ren, Berechnungsdaten zurücksetzen oder Ergebnisse als *.html darstellen

7) Ergebnisdarstellung

7.3.2 Lagerhalterungen der Antriebswelle miteinander verbinden

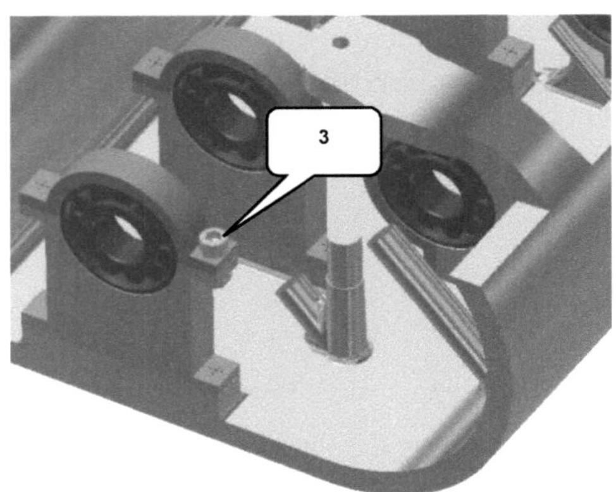

In der folgenden Übung sollen Schrauben-verbindungen, bestehend aus Schrauben und Muttern in die Baugruppe eingefügt werden, wobei die benötigten Durch-gangsbohrungen in den entsprechenden Bauteilen vom Programm automatisch zu erzeugen sind.

Verwenden Sie dabei den Verbindungstyp *Durch alle* (1) und als Typ der Platzie-rung die Option Linear *Linear* (2).

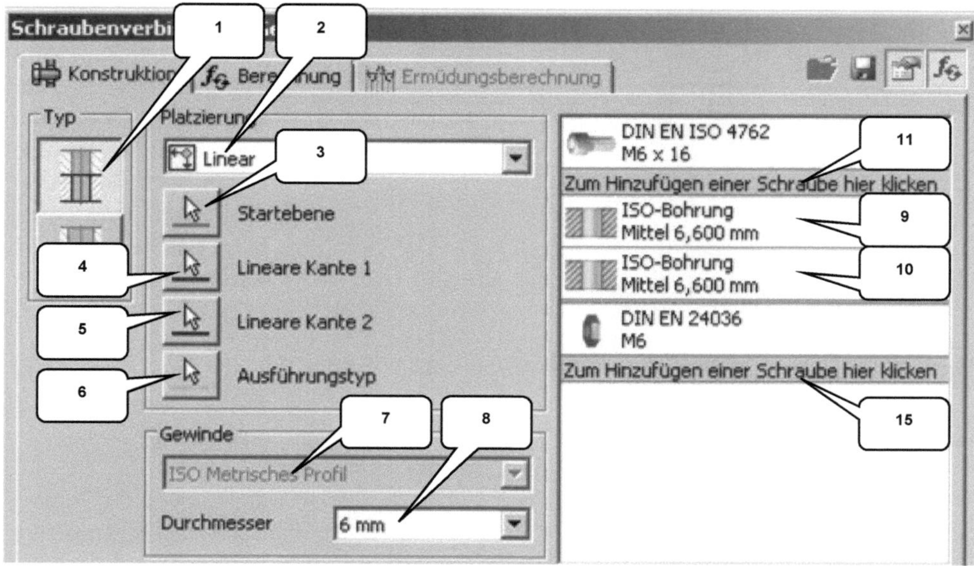

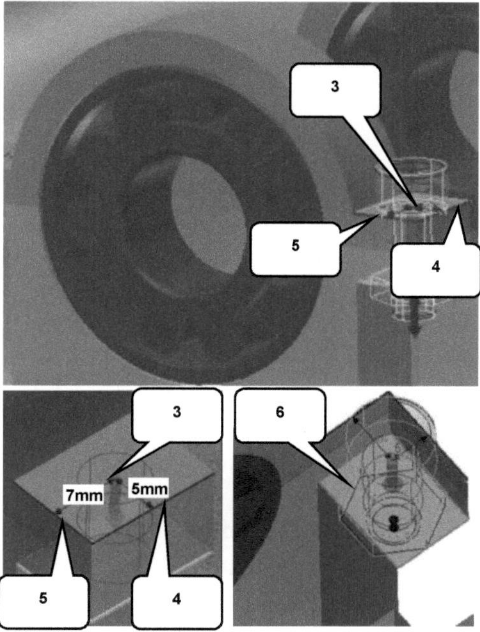

Als *Startebene* (3) (Auflagefläche des Schraubenkopfes) kann die markierte Fläche des oberen Halters genutzt werden und als Referenzen für die *linearen Kanten* werden die jeweils markierten Kanten (4, 5) verwendet, wobei die Abstände *5 mm* und *7 mm* einzutragen sind. Als *Ausführungstyp* (6) ist die markierte Fläche des unteren Halters auszuwählen: sie dient als Auflagefläche für die Mutter.

Im Auswahlfeld *Gewinde* (7) sollte ein *ISO Metrisches Profil* mit dem Durchmesser *6 mm* (8) ausgewählt werden. Im rechten Bereich des Befehlsfensters werden die beiden Durchgangsbohrungen bereits angezeigt: eine Bohrung für den oberen Halter (9) und eine Bohrung für den unteren Halter (10).

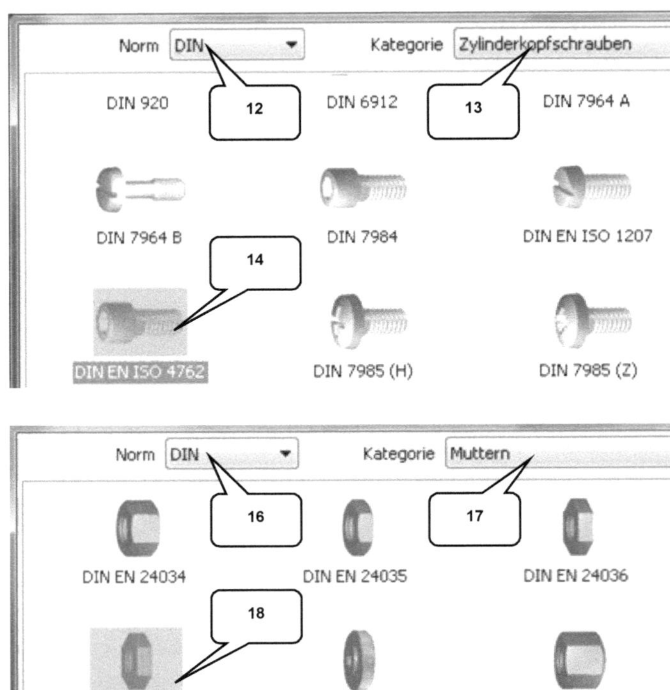

Klick man auf die <u>obere</u> Schaltfläche **Zum Hinzufügen einer Schraube hier klicken** (11), so öffnet sich ein neues Eingabefenster (eventuell auch erst beim zweiten Versuch). Darin sind die Norm **DIN** (12), die Kategorie **Zylinderkopfschrauben** (13) und der Typ **DIN EN ISO 4762** (14) auszuwählen.

Jetzt kann die <u>untere</u> Schaltfläche (**Zum Hinzufügen einer Schraube hier klicken** (15)) ausgewählt werden. Verwenden Sie die Norm **DIN** (16), die Kategorie **Muttern** (17) und wählen Sie den Typ **DIN EN 24036** (18).

Die nun komplett zusammengestellte Konstellation der Schraubenverbindung soll exportiert werden, um sie auch für die restlichen Bohrungen verfügbar zu machen: sie wird damit als reproduzierbare XML-Datei gespeichert. Starten Sie die Option ⊟ **Vorlage exportieren** (19).

Im neu geöffneten Eingabefenster kann der Speicherort des Projekts benannt werden und als Dateiname ist die Bezeichnung **Schraubenverbindung-M6** einzutragen (Dateityp **Vorlagen (*.xml)**). Abschließend ist zu Speichern **speichern**. Wird der Schraubenverbindungs-Generator danach mit OK **OK** bestätigt, sollte das Programm die Schraubenverbindung bereits erstellen. Mithilfe der gespeicherten Vorlage können weitere Schraubenverbindungen generiert werden, was jetzt aufgrund wegfallender Arbeitsschritte wesentlich komfortabler ist.

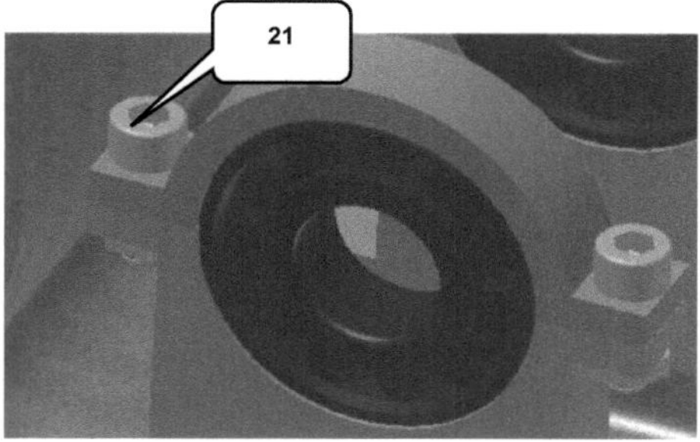

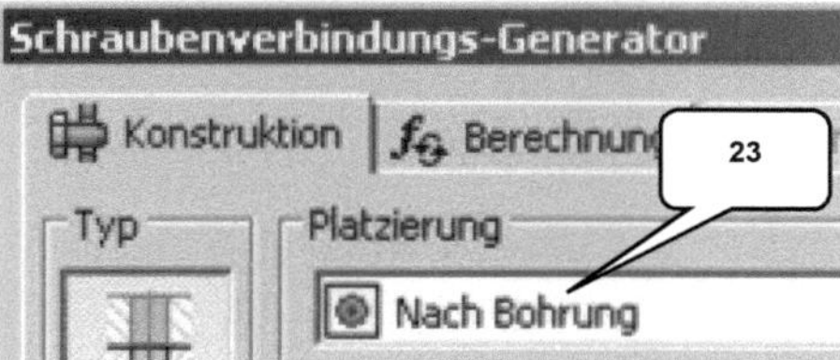

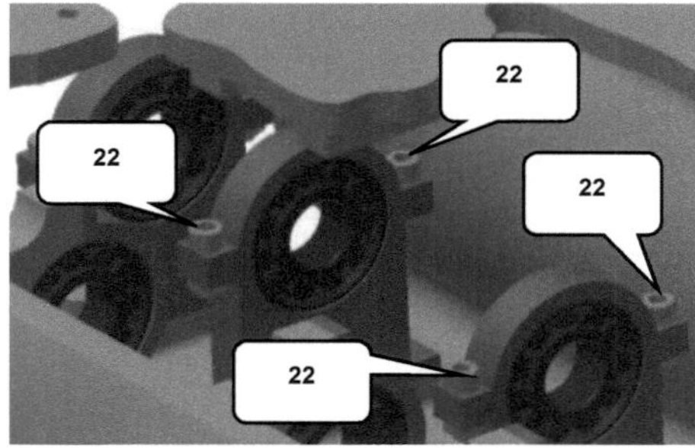

Starten Sie den 🖒 **Schraubenverbindungs-Generator** noch einmal und klicken Sie auf den Button 🖿 **Vorlage importieren** (20). Wählen man jetzt die Vorlage **Schraubenverbindung-M6.xml**, so übernimmt das Programm die zuletzt verwendeten Einstellungen. Dabei werden die Normteile automatisch aktiviert, nur die Bohrungen müssen noch positioniert werden. Verwenden Sie in den Bereichen **Typ** und **Platzierung** dieselben Einstellungen wie in der vorhergehenden Schraubenverbindung und platzieren Sie sie auf markierter Position (21).

Starten Sie den 🖒 **Schraubenverbindungs-Generator** ein weiteres Mal und öffnen Sie die Vorlage **Schraubverbindung-M6.xml** (20). Erzeugen Sie vier zusätzliche Schraubenverbindungen[10], wie in der nebenstehenden Abbildung dargestellt (22) ist. Aktivieren Sie den Platzierungstyp ● **Nach Bohrung** (23) und wählen Sie als ⬚ **Referenz** für die vorhandene **Bohrung** die bereits in den Bauteilen vorhandenen Bohrungslöcher. Wurden alle Schraubenverbindungen erstellt, sollte die Baugruppe **gespeichert** werden.

---

[10] Alle Bauteile **Antriebswelle-Zwischenhalter.ipt** und **Antriebs-Abtriebswelle-Halter.ipt** wurden durch den letzten Befehl automatisch mit Bohrungen versehen (aufgrund der identischen Quelldatei). Die Vorlage **Schraubverbindung-M6.xml** kann trotzdem verwendet werden, nur der Platzierungstyp ist auf ● **Nach Bohrung** (23) zu ändern. Als ⬚ **Vorhandene Bohrung** ist die bereits erstellte Bohrung zu wählen. Die Auswahl der Referenzkanten entfällt damit.

7.3.3 Lagerhalterungen der Wellen am Motorgehäuse befestigen

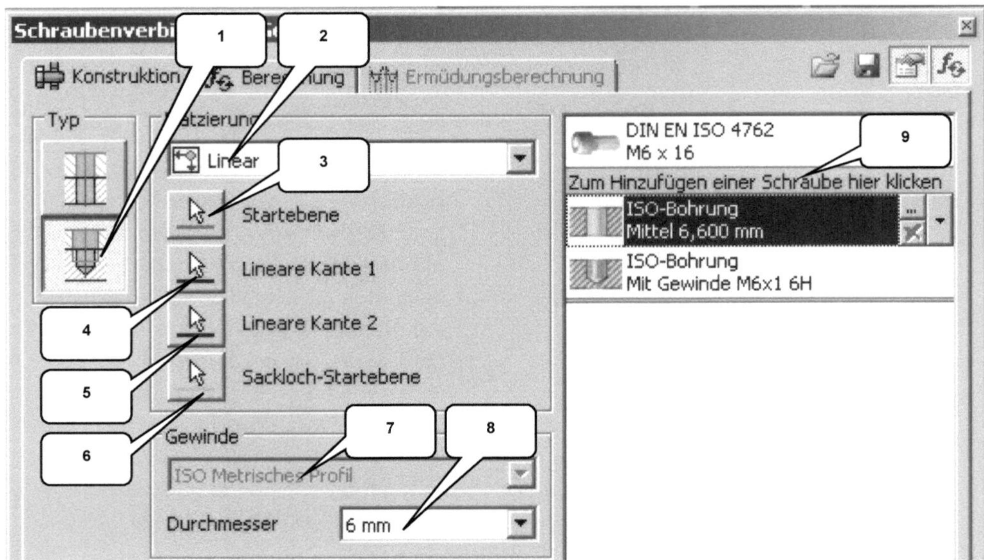

Auch die drei Zwischenhalter sollen durch Schrauben mit dem Motorgehäuse verbunden werden. Dafür sind im *Schraubenverbindungs-Generator* die Option *Nicht durchgehend* (1) zu aktivieren, der Platzierungstyp *Linear* (2) und die *Startebene* (3) auszuwählen und die beiden *linearen Kanten* (4, 5) mit den Abständen *5 mm* und *7 mm* anzugeben und die *Sackloch-Startebene*[11] (6) zu markieren. Als Gewindetyp ist das *ISO Metrische Profil* (7) mit einem Nenndurchmesser von *6 mm* (8) zu verwenden. Klicken Sie danach auf die Schaltfläche *Zum Hinzufügen einer Schraube hier klicken* (9).

---

[11] Als *Sackloch-Startebene* (6) ist die markierte Fläche am Motorgehäuse zu wählen, auf welcher der Zwischenhalter montiert wurde.

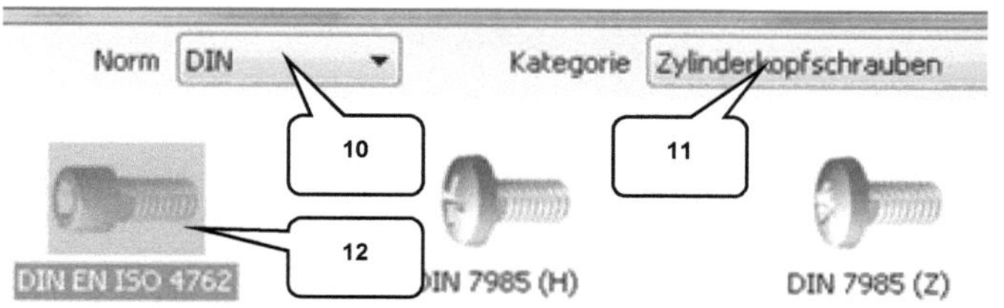

Im Auswahlfenster wählen Sie die Norm **DIN** (10), die Kategorie **Zylinderkopfschrauben** (11) und den Typ **DIN EN ISO 4762** (12).

Bestätigen Sie die Eingaben (Anwenden | **Anwenden**) und wiederholen Sie die letzten Arbeitsschritte bis alle in den folgenden Abbildungen markierten Schraubenverbindungen vollständig erzeugt wurden (es sind insgesamt 12 Schraubenverbindungen).

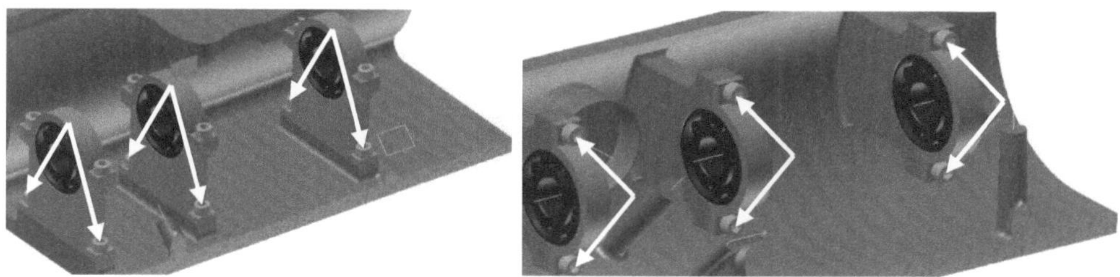

Zur besseren Übersicht sollten alle Schraubenverbindungen im Browser in einem Ordner zusammengefasst werden (alle Schraubenverbindungen im Browser markieren, **rechte Maustaste** darauf > **Zu neuem Ordner hinzufügen**) und die Baugruppe ist danach zu **speichern** (**Ja für alle**).

7.4 Konstruktion der Getriebewellen
7.4.1 Platzieren der Lamellenkupplung

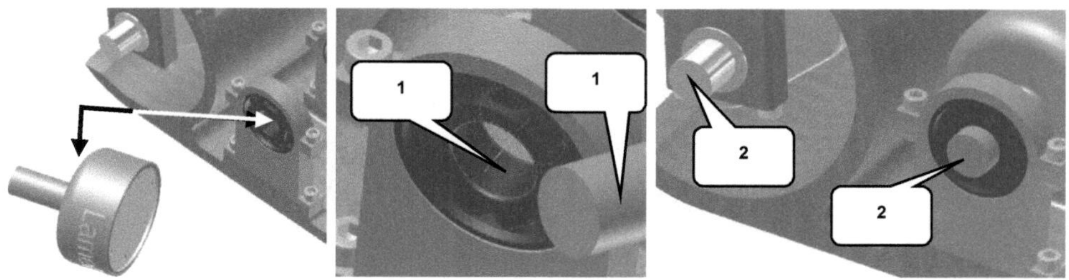

Importieren Sie das Bauteil **Kupplung.ipt** aus dem Projektordner in die Baugruppe und positionieren Sie es wie in den oberen Abbildungen dargestellt. Setzen Sie eine axiale Abhängigkeit zwischen den Längsachsen des markierten Lagers und der Kupplung (1) und eine fluchtende Abhängigkeit zwischen den Stirnflächen von Kupplung und Kurbelwelle (2).

7.4.2 Befehlsgrundlagen WELLEN-GENERATOR

Mit dem ⊞ **Wellen-Generator** (1) können Achsen und Wellen berechnet und konstruiert werden. Sie können grundlegend als Vollwelle/ -achse oder Hohlwelle/ -achse konstruiert werden.

7.4.2.1 Register KONSTRUKTION

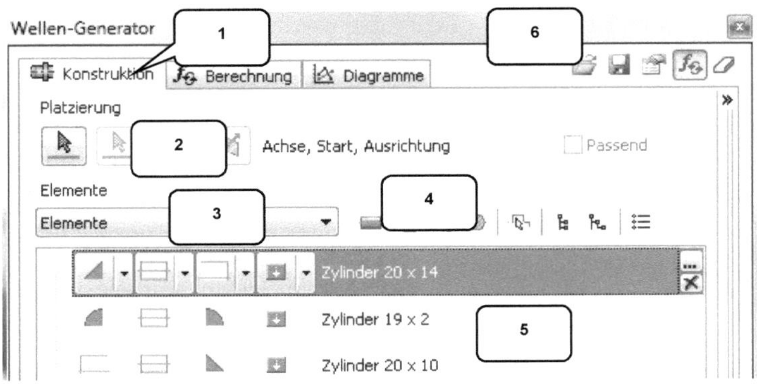

INHALT

Das Register **Konstruktion** ermöglicht die Platzierung der Welle/ Achse an anderen Bauteilen der Baugruppe sowie ihre Dimensionierung. Sie können zylinderförmig, kegelig, oder polygonal aufgebaut sein, aus Vollmaterial oder Hohlwelle/- achse konstruiert werden und mit Fasen, Rundungen, Rillen, Gewinden, Nuten, Bohrungen oder Kerben versehen werden. Weiterhin können Kräfte und Auflager definiert und berechnet werden.

OPTIONEN

1) Register: Konstruktion/ Berechnung/ Diagramme
2) Platzierung
3) Neue Wellenabschnitte erzeugen/ vorhandene bearbeiten

4) Wellentyp
5) Wellenabschnitte auflisten
6) Berechnungen, Dateibenennung, Zurücksetzen der Berechnungswerte

7.4.2.2 Register BERECHNUNG

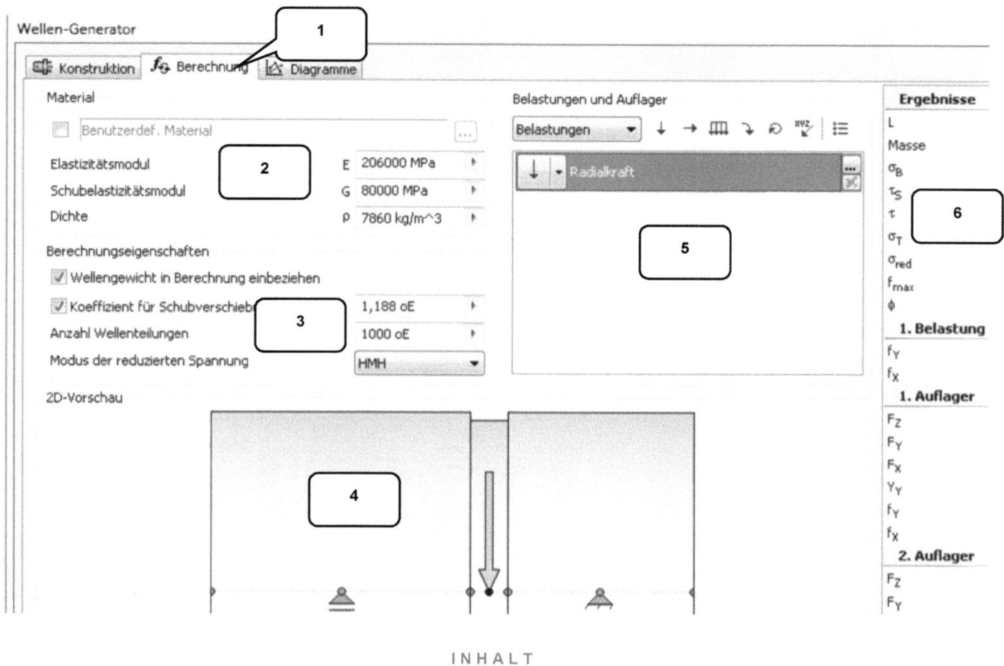

INHALT

Im Register **Berechnung** werden der Welle/ Achse alle physikalischen Materialeigenschaften zugewiesen, Berechnungseigenschaften hinterlegt, Auflager (Fest-/ Loslager) definiert und Belastungsarten festgelegt. Diese können in Form von radialen oder axialen Kräften, als Streckenlasten bzw. Biege- und Drehmomenten beaufschlagt werden.

OPTIONEN

1) Register: Konstruktion/ Berechnung/ Diagramme
2) Material
3) Berechnungseigenschaften

4) Belastungsanalyse (2D-Vorschau)
5) Belastungen und Auflager
6) Berechnungsergebnisse

7.4.2.3   Register DIAGRAMME

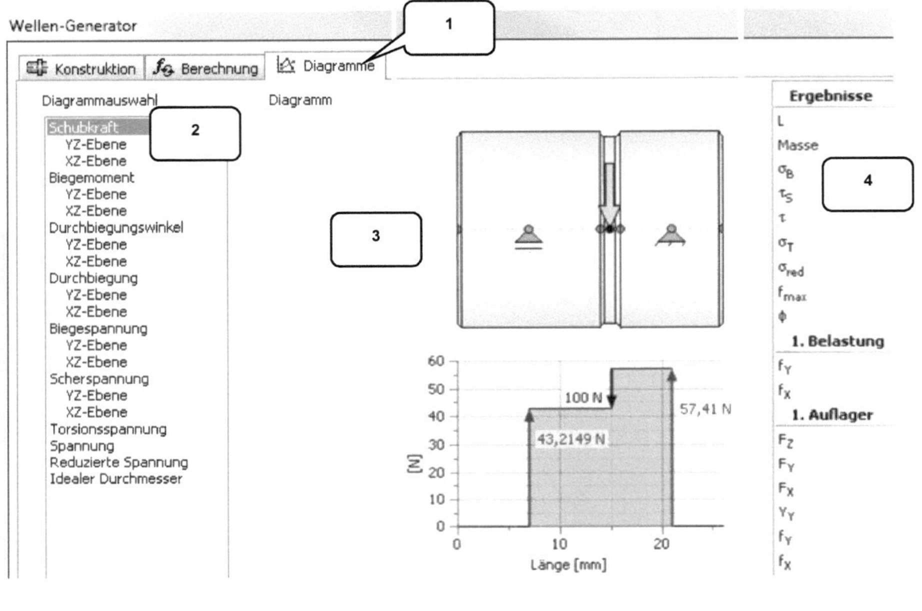

INHALT

Das Register **Diagramme** listet alle Berechnungsergebnisse wie z. B. die Schubkraft, das Biegemoment, die Durchbiegung, den Durchbiegewinkel, die Biegespannung, die Scherspannung, die Torsionsspannung, die reduzierte Spannung und die Berechnung des idealen Durchmessers auf. Klickt man auf eines der Ergebnisse in der linken Spalte (2), so erscheint in der Mitte die grafische Ergebnisdarstellung und auf der rechten Seite das Ergebnis in tabellarischer Form. Alle Grafiken und Berechnungsergebnisse können auf Wunsch zusätzlich in einen Html-Format ausgegeben werden, was dann anschließend weiterbearbeitet werden kann.

OPTIONEN

1) Register: Konstruktion/ Berechnung/ Diagramme

2) Diagrammauswahl

3) Wellenbelastung, Diagramm

4) Berechnungsergebnisse

7.4.3 Konstruktion der Antriebswelle

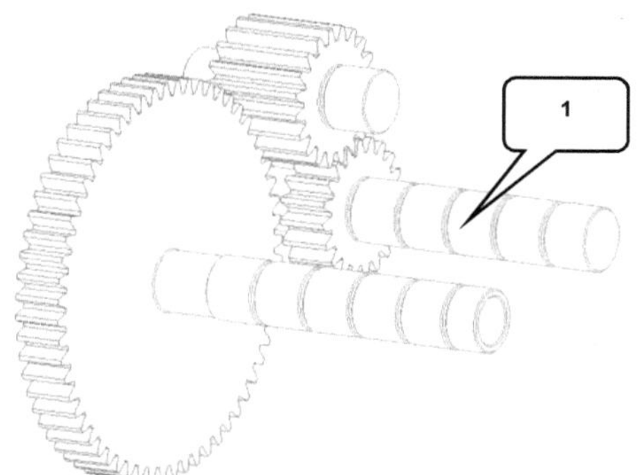

Zuerst wird die **Antriebswelle** (1) konstruiert. Sie wird fünf Zahnräder tragen: vier für die Vorwärtsgänge und eins für den Rückwärtsgang. Sie ist fest mit der Kupplung verbunden und überträgt den Kraftfluss entweder über die Zahnräder direkt auf die Abtriebswelle (für die vier Vorwärtsgänge), oder für den Rückwärtsgang über die Rücklaufachse zur Abtriebswelle.

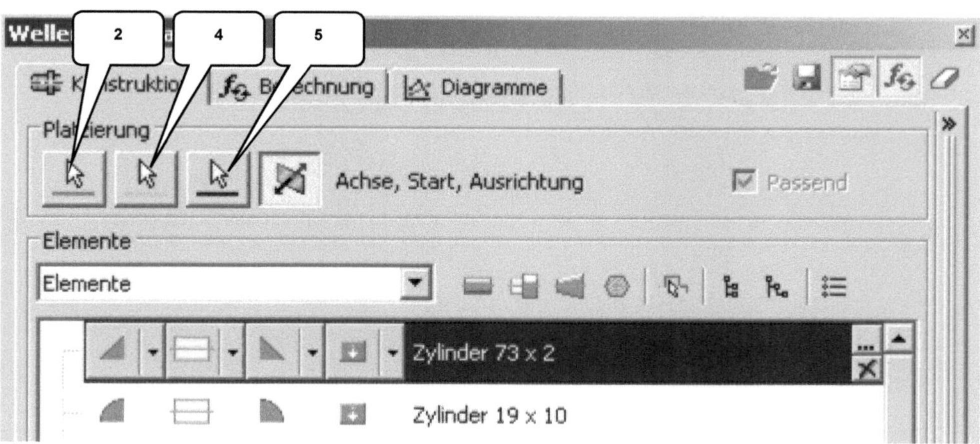

Sobald der **Wellen-Generator** gestartet wurde, sollte die Welle zunächst positioniert werden.

Als **Referenz** für die axiale Ausrichtung ist die Bohrungsfläche (2) des sich neben der Kupplung (3) befindlichen Lagers auszuwählen. Als **Startfläche** wird die markierte Fläche der Kupplung (4) aktiviert und als **Referenz** für die radiale Ausrichtung die markierte Oberfläche des Motorgehäuses (5).

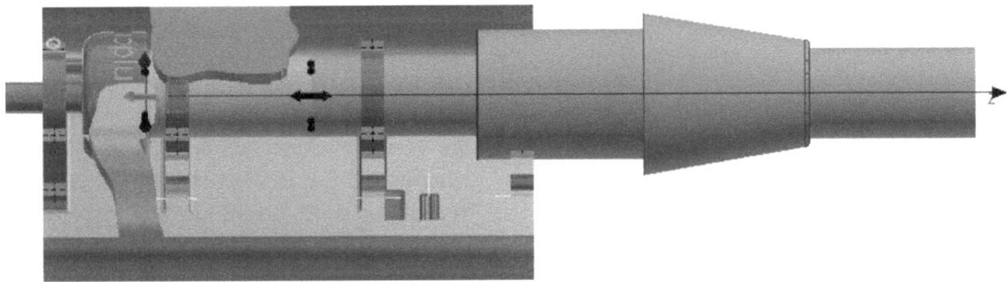

Die noch nicht bearbeitete Welle müsste jetzt positioniert worden sein und in Richtung des Getrieberaums zeigen. Verläuft sie allerdings durch die Kupplung hindurch, so muss ihre Richtung mit der Option ⋈ *Seite umkehren* (6) korrigiert werden.

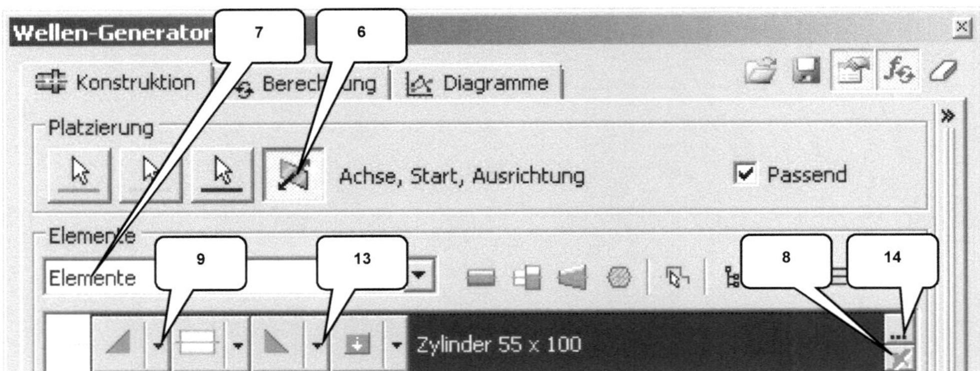

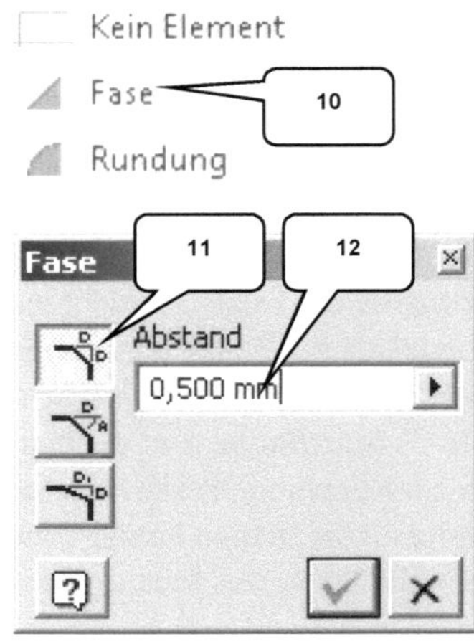

Um die Antriebswelle geometrisch an den Getrieberaum und die Wälzlager anpassen zu können, sollte sie aus verschiedenen Abschnitten mit unterschiedlichen Längen und Durchmesser bestehen. Aktivieren Sie zuerst die Option *Elemente* (7) und löschen Sie alle vorhandenen Abschnitte bis <u>auf den ersten</u>, indem Sie auf die entsprechende Zeile klicken und danach die Option ✗ *Löschen* (8) wählen (das ❷ *Hinweisfenster* ist mit ⌞ Ja ⌟ *Ja* zu bestätigen). Wenn nur noch eine Zeile vorhanden ist, kann mit der Bearbeitung begonnen werden: Klicken Sie hierfür auf das kleine markierte Dreieck (9) auf der linken Seite der Zeile, wählen Sie die Option ◢ *Fase* (10), aktivieren Sie die Option *Abstand* (11) und tragen Sie den Wert *0,5 mm* (12) ein.

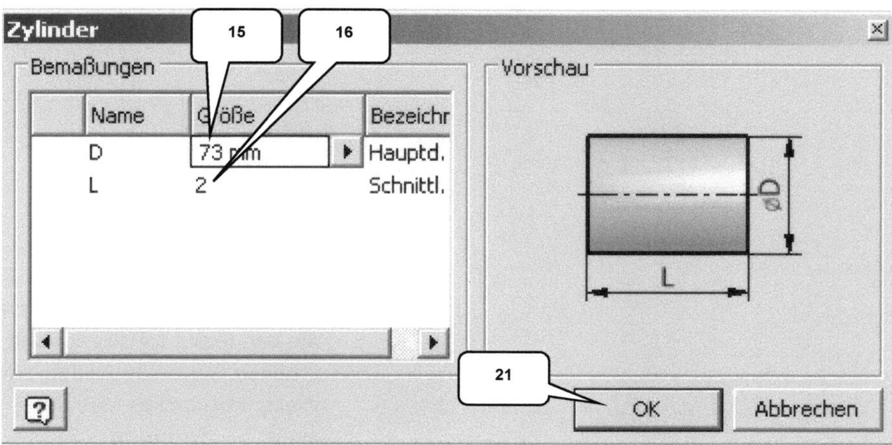

Erzeugen Sie auch auf der rechten Seite des Wellenabschnittes (13) eine ◢ **Fase** mit den-
selben Einstellungen. Jetzt können Durchmesser und Länge des Abschnittes definiert wer-
den. Öffnen Sie dessen ▄ *Eigenschaften* (14), tragen Sie den Durchmesser **D= 73 mm** (15)
und die die Länge **L= 2 mm** (16) ein. ▭ OK **OK** (17) bestätigt die Eingaben.

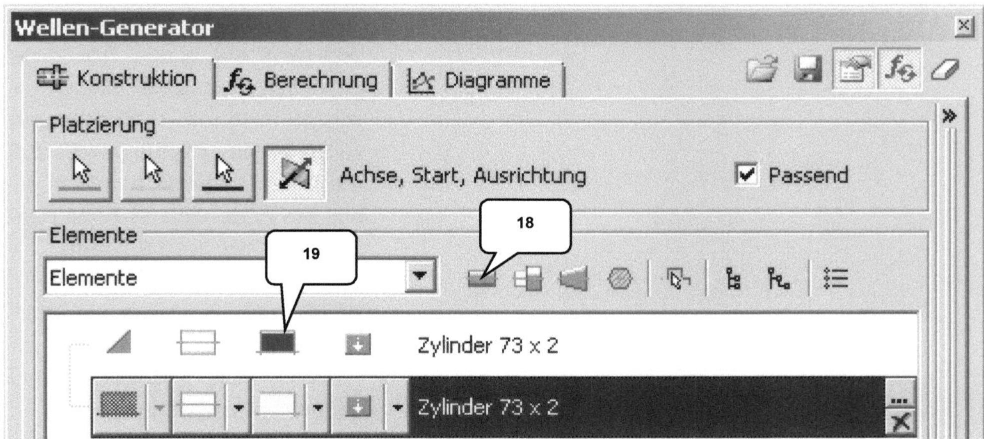

Zurück im Hauptbefehlsfenster ist die Option ▄ *Zylinder einfügen* (18) auszuwählen, um
einen weiteren Wellenabschnitt zu erstellen. Die zweite Fase des ersten Wellenabschnittes
(19) müsste jetzt rot dargestellt werden (19), weil das Programm die Fase aufgrund des iden-
tischen Durchmessers beider Abschnitte nicht mehr erzeugen kann: Es kann allerdings vor-
erst ignoriert werden.

Kein Element

Fase

Rundung **20**

Rille der Sicherungsmutter

Gewinde

22

21

Rundung

Radius

0,5

Elemente

Elemente

				Zylinder 73 x 2
				Zylinder 19 x 10
				Zylinder 20 x 14
				Zylinder 19 x 19
				Zylinder 20 x 15
				Zylinder 19 x 2
				Zylinder 20 x 15
				Zylinder 19 x 2
				Zylinder 20 x 15
				Zylinder 19 x 2
				Zylinder 20 x 15
				Zylinder 19 x 2
				Zylinder 20 x 15
				Zylinder 19 x 2
				Zylinder 20 x 14

Ändern Sie in der zweiten Zeile den Durchmesser auf *D= 19 mm*, die Länge auf *L= 10 mm* und bearbeiten Sie beide Enden dieses Wellenabschnittes. Sie sollen mit einer Rundung von R= *0,5 mm* (20, 21) versehen werden.

Erzeugen Sie *13* zusätzliche Wellenabschnitte (22) (es müssen dann insgesamt 15 Zeilen im Fenster *Elemente* vorhanden sein), wobei die Abmessungen der nebenstehenden Abbildung zu entnehmen sind. Einige Abschnitte sind mit Rundungen zu versehen (Radius jeweils *0,5 mm*) und der letzte Abschnitt erhält am Ende eine Fase (Option *Abstand*, Wert *0,5 mm*).

Wurden alle Einstellungen übernommen, kann der Befehl mit OK bestätigt und dadurch geschlossen werden.

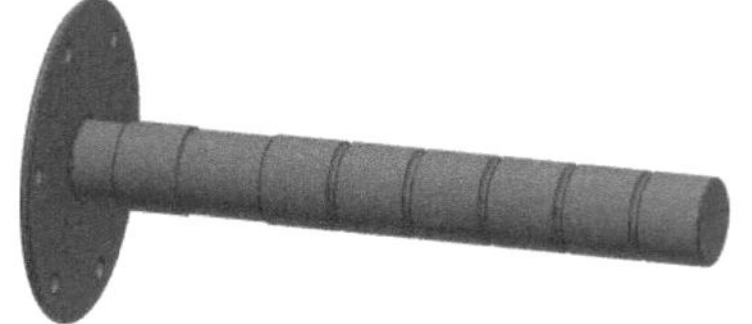

7.4.4 Befestigungsflansch der Antriebswelle mit Bohrungen versehen

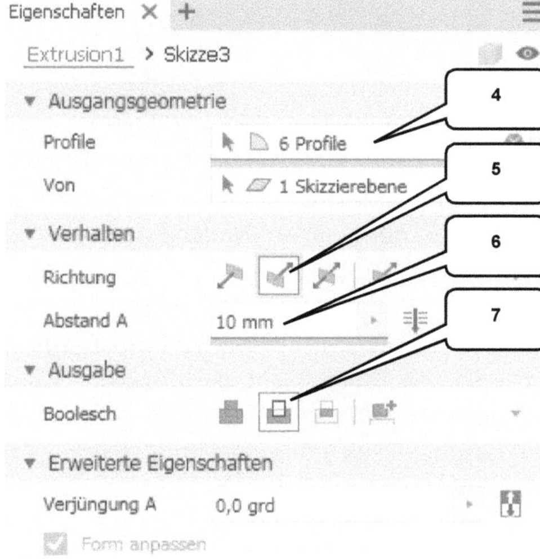

Um Antriebswelle und Lamellenkupplung miteinander verbinden zu können, müssen im Befestigungsflansch der Welle (erster Wellenabschnitt: 73 x 2 mm) insgesamt sechs Bohrungen erzeugt werden. Isolieren Sie diese beiden Komponenten vorher: Markieren Sie Kupplung (1) und Antriebswelle (2) und klicken Sie dann mit der *rechten Maustaste* darauf, um die Option **Isolieren** zu aktivieren. Um die Sicht auf die Gewindebohrungen der Kupplung freizugeben, kann der Antriebswelle zusätzlich und temporär das Material *Glas* zugewiesen werden. Doppelklicken Sie die Antriebswelle (2) um in ihren Baugruppenbereich zu gelangen und doppelklicken Sie erneut darauf, um in den Modellbereich des Bauteils zu gelangen.

Im Bauteil *Welle.ipt* soll jetzt auf der markierten Fläche (3) eine neue **2D-Skizze** erzeugt werden. **Projizieren** Sie die sechs Bohrungen der Kupplung (4) in den Skizzenbereich, markieren Sie die Kreise und deaktivieren Sie die Option **Konstruktion**. Die Skizze kann jetzt wieder *beendet* werden.

Zurück im *Modellbereich* ist der Befehl **Extrusion** zu starten und die sechs projizierten *Kreise* (4) sind zu extrudieren (*Richtung 2* (5), Abstand *10 mm* (6), Verfahren *Differenz* (7)). Bauteil- und Baugruppenbereich der Welle können anschließend verlassen werden (2x auf **Zurück** klicken) und im Baugruppenbereich ist der *Welle* die Farbe *Chrompoliert-blau* zuzuweisen.

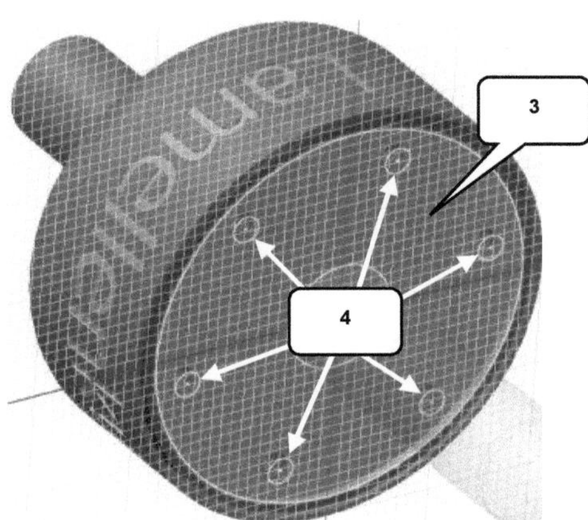

7.4.5 Schrauben aus dem Inhaltscenter importieren

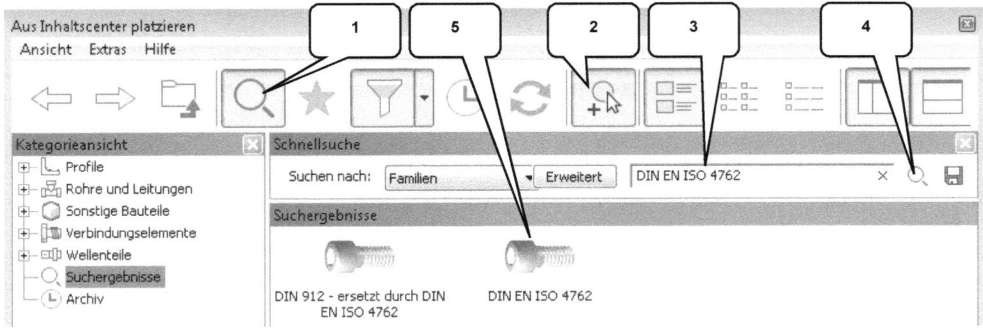

Starten Sie im Register **Zusammenfügen** den Befehl **Aus Inhaltscenter platzieren**, denn Antriebswelle und Lamellenkupplung sollen durch Schrauben miteinander verbunden werden. Aktivieren Sie die Optionen ⚲ **Suche** (1) und **AutoDrop** (2) und tragen Sie als Suchbegriff die **DIN EN ISO 4762** (3) ein. Mit der Taste **ENTER** oder dem Button ⚲ **Suche** (4) wird das Programm die gesuchte Schraube **DIN EN ISO 4762** (5) herausfiltern, welche dann per Doppelklick aktiviert werden kann.

Um sie einfügen zu können, ist als konzentrische **Referenz** die **Gewindebohrungen** der Kupplung (6) auszuwählen und als **Startfläche** soll die Seitenfläche der Kupplung (7) angeklickt werden. Aktivieren Sie die Option **Mehrere einfügen** (8) und doppelklicken Sie den **Pfeil** (9) am Ende der bereits schematisch dargestellten Schraube. Im folgenden Auswahlfenster ist die Schraubenlänge **10 mm** (10) zu wählen.

Bestätigen (11) Sie den Befehl anschließend um ihn zu beenden und die Schrauben zu generieren.

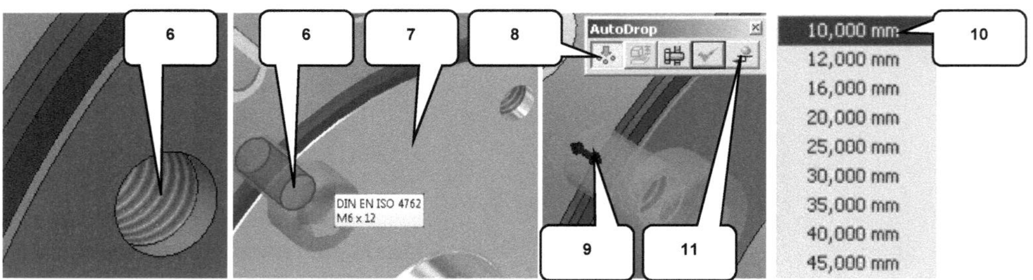

7.4.6 Abschließende Arbeiten an der Antriebswelle

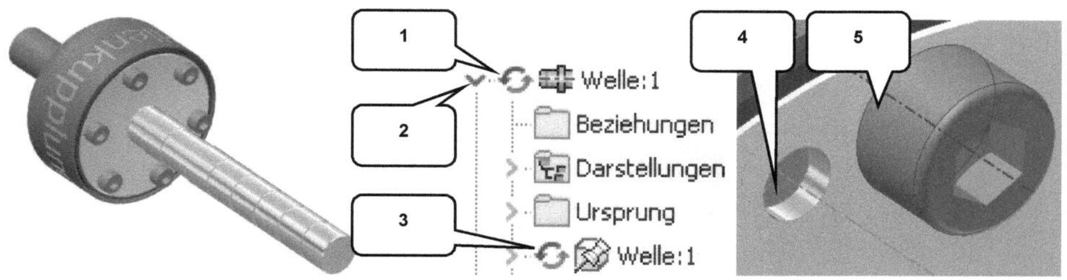

Durch die zuletzt in die Antriebswelle eingefügten Bohrungen, wird die Welle im Browser als *adaptiv* (1) gekennzeichnet. Um später einen reibungslosen Bewegungsablauf des gesamten Getriebes gewährleisten zu können, <u>muss</u> diese Adaptivität allerdings wieder deaktiviert und beide Komponenten (Kupplung und Antriebswelle) müssen mit einer neuen Abhängigkeit verbunden werden. Klappen Sie im Browser die Baugruppe *Welle.iam* (2) auf und deaktivieren Sie beim Bauteil *Welle.ipt* (3) die *Adaptivität* (*rechte Maustaste* > *Adaptiv*). Die Kupplung sollte jetzt bei gedrückter linker Maustaste etwas gedreht werden, bis Schrauben und Bohrungen der Welle nicht mehr auf derselben Position sitzen (4). Beide Bauteile sollen mit einer axialen *Abhängigkeit* verbunden werden. Hierfür sind die Achse der Bohrung (4) und die Achse der Schraube (5) miteinander zu verbinden.

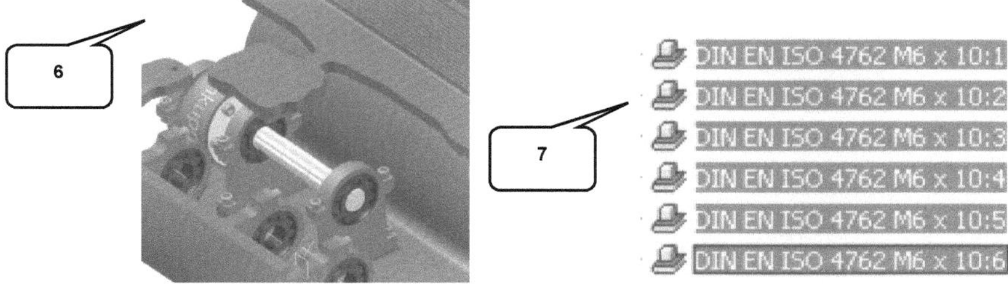

Klicken Sie danach mit der *rechten Maustaste* auf einen beliebigen freien Punkt im Hintergrund des Zeichenbereiches (6) und wählen Sie Option *Isolieren rückgängig*[12]. Alle anderen Komponenten werden jetzt wieder eingeblendet. Markieren Sie anschließend die neuen Schrauben im Browser (7) und wählen Sie im Kontextmenü der rechten Maustaste die Option *Ordner* mit der Bezeichnung *Schrauben*.

---

[12] Sollte die Option *Isolieren rückgängig* nicht verfügbar sein, wurde eventuell zwischenzeitlich gespeichert. Dann müssen die ausgeblendeten Komponenten manuell wieder sichtbar gemacht werden. Hierfür sind alle im Browser grau dargestellten Objekte zu markieren und mit der Option *Sichtbarkeit* der *rechten Maustaste* wieder einzublenden (<u>Nicht</u> das Bauteil *Motorradrahmen.ipt* einblenden!).

7.4.7 Importieren der Halterungen für die Rücklaufachse

Fügen Sie das Bauteil **Rücklaufachse-Halter.ipt** in die Baugruppe ein und legen Sie es zweimal darin ab. Positionieren Sie die beiden Bauteile, wie in der oberen Abbildung dargestellt, bündig an den dafür vorgesehenen Absätzen im oberen Bereich des Getrieberaumes (1, 2).

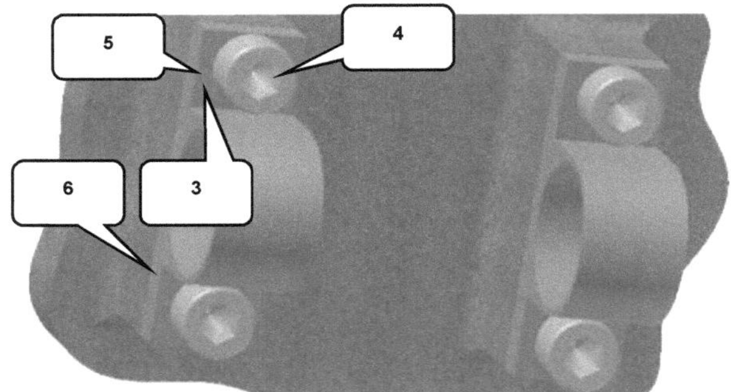

Starten Sie den ⊞ Schraubenverbindungs-Generator um die beiden Halter mit dem Motorgehäuse zu verschrauben. Wählen Sie die Option ⚊ **Nicht durchgehend**, den Platzierungstyp ▣ Linear **Linear**, die markierte **Startebene** (3), als ⬚ **Referenzen** die beiden **linearen Kanten** (4, 5) mit den jeweiligen Abständen **5 mm** und **7 mm,** sowie die markierte **Sackloch-Startebene** (6). Verwenden Sie den Gewindetyp **ISO Metrisches Profil** und den Durchmesser **6 mm**. Klicken Sie danach auf die Schaltfläche **Zum Hinzufügen einer Schraube hier klicken** um die **Zylinderkopfschraube DIN EN ISO 4762** zu platzieren.

Insgesamt sollten dann vier Schraubenverbindungen eingefügt worden sein. **Speichern** Sie die Baugruppe und achten Sie darauf, die Option **Ja, für alle** zu aktivieren.

7.4.8 Konstruktion der Rücklaufachse

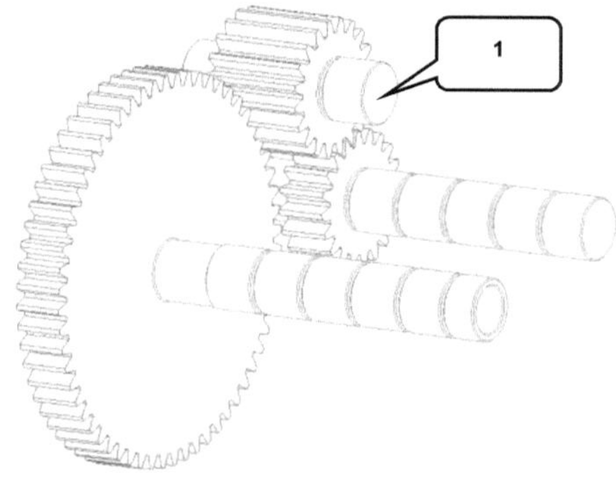

Die **Rücklaufachse** (1) ist sehr kurz und trägt nur ein einziges Zahnrad: das Rücklaufrad. Der Kraftfluss wird von den Zahnrädern der Antriebswelle auf die Rücklaufachse übertragen und von dieser weiter zur Abtriebswelle, wobei die Drehrichtung der Abtriebswelle umgekehrt wird.

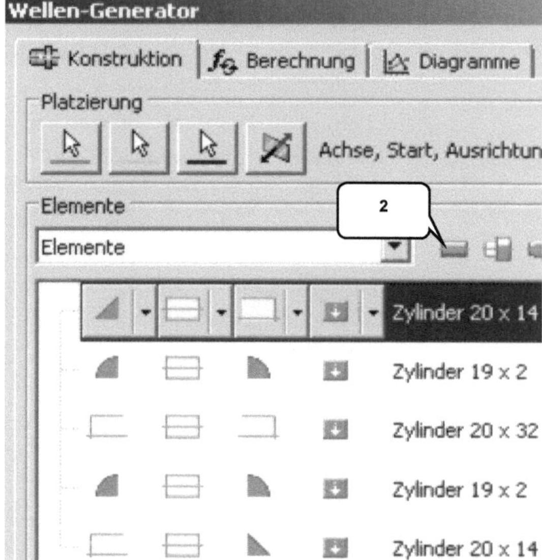

Starten Sie den **Wellen-Generator** und **X löschen** Sie zuerst alle bereits vorhandenen Abschnitte bis auf den ersten. Erzeugen Sie danach vier neue **Abschnitte** (2) und übernehmen Sie die Abmessungen aus der nebenstehenden Abbildung. Alle **Rundungen** sind mit einem Radius von **0,5 mm** und alle **Fasen** mit der Option **Abstand** und dem Wert **0,5 mm** zu versehen. Beenden Sie den Befehl mit OK **OK** und legen Sie die Achse frei im Zeichenbereich ab.

Erzeugen Sie zur Positionierung der Achse eine axiale **Abhängigkeit** zwischen Achse (3) und Halter (4) und eine weitere fluchtende **Abhängigkeit** zwischen den beiden markierten Flächen (5) und (6). Weisen Sie der Rücklaufachse abschließend die Farbe **Chrom-poliert-blau** zu und **speichern** Sie sie die Baugruppe erneut.

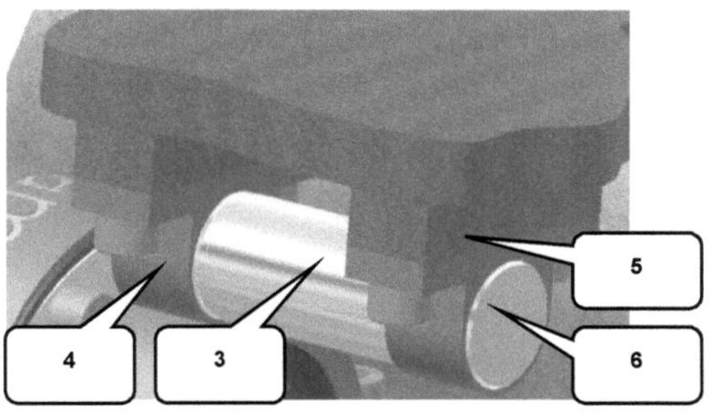

7.4.9 Konstruktion der Abtriebswelle

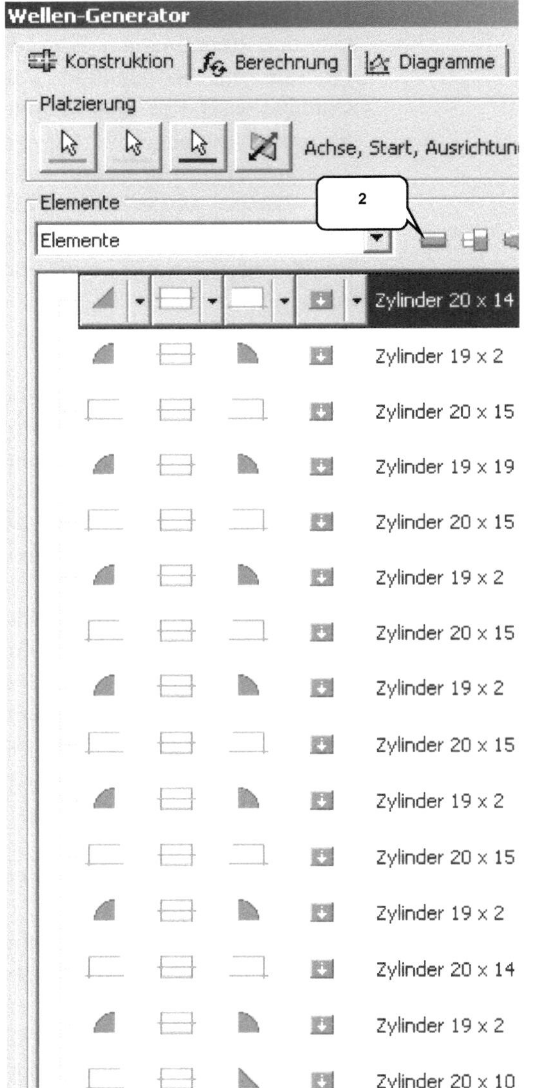

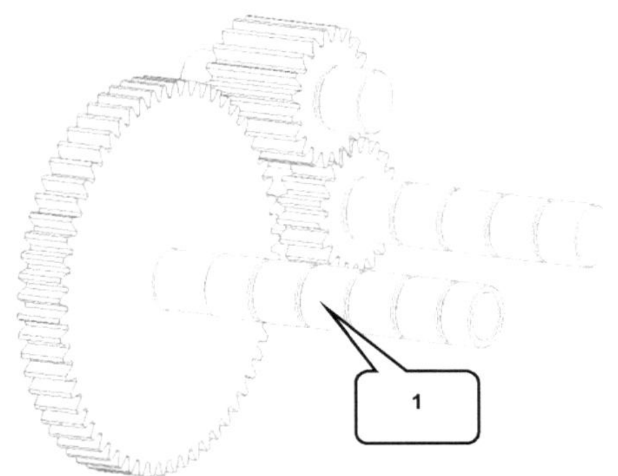

Die **Abtriebswelle** (1) wird fünf Zahnräder (vier für die Vorwärtsgänge und einen für den Rückwärtsgang) und außerdem ein Kegelrad tragen. Der Kraftfluss kann entweder von der Antriebswelle oder von der Rücklaufachse auf die Abtriebswelle übertragen werden. Sie muss als Hohlwelle konstruiert werden, weil eine Schaltkette und der Verbindungskeil durch sie hindurch verlaufen wird.

Starten Sie den **Wellen-Generator** und ✗ **löschen** Sie alle vorhandenen Abschnitte bis auf den ersten. Erzeugen Sie danach 14 weitere **Abschnitte** (2), wobei die jeweiligen Durchmesser und Längen der nebenstehenden Abbildung zu entnehmen sind. Alle **Rundungen** sind mit einem Radius von **0,5 mm** und alle **Fasen** mit der Option **Abstand** und einem Wert **0,5 mm** zu gestalten. Wechseln Sie im Feld **Elemente** zur Option **Hohlräume Links** (3), um eine Durchgangsbohrung zu erzeugen.

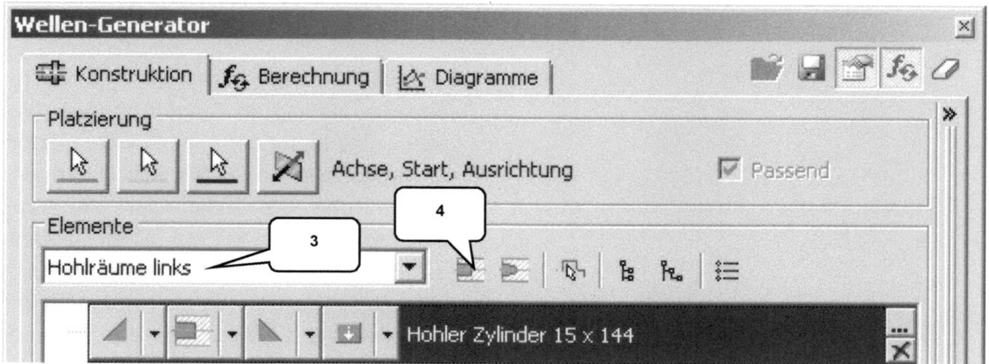

Wählen Sie die Option ⬛ *Inneren Zylinder einfügen* (4) und erzeugen Sie eine Bohrung mit einem Durchmesser *D= 15 mm* und einer Länge *L= 144 mm*. Fügen Sie diesem Element zwei ◢ *Fasen* (Option *Abstand*, Wert *0,5 mm*) hinzu und bestätigen Sie den Befehl mit ⬚ *OK*. Die Welle kann jetzt frei im Zeichenbereich abgelegt werden.

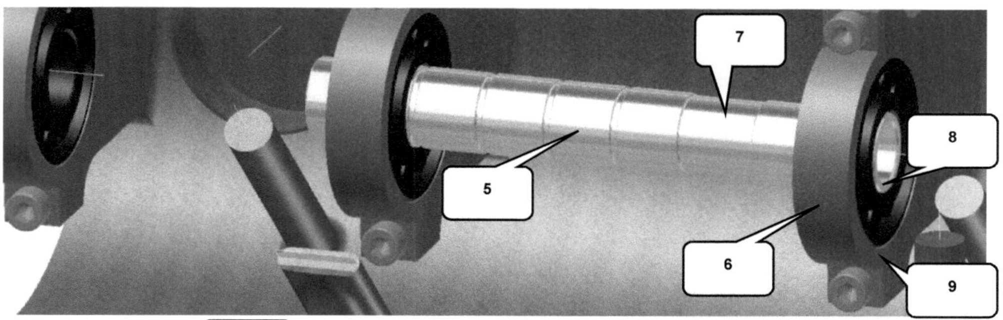

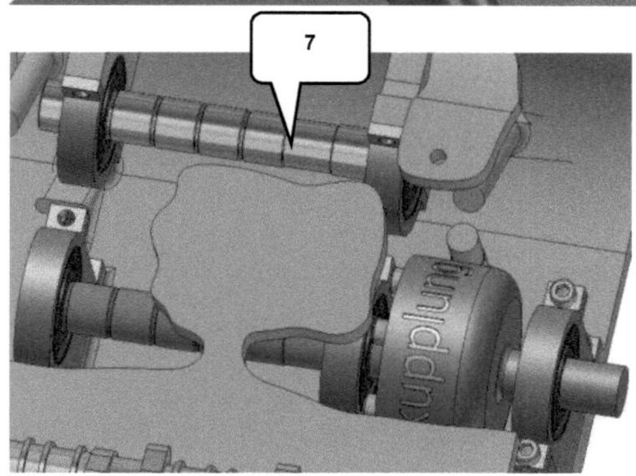

Positionieren Sie die Welle (5) mit einer axialen ◻ Abhängigkeit im Lager (6), und achten Sie dabei auf die korrekte Position des Wellenabschnittes *19 × 19 mm* (7) (Welle ggf. vorher ausrichten). Setzen Sie eine fluchtende ◻ Abhängigkeit zwischen der Stirnseite der Welle (8) und der Seitenfläche des Lagers (9), weisen Sie ihr die Farbe *Chrom-poliert-blau* zu und **speichern** Sie die Baugruppe abschließend.

7.5 Konstruktion der Zahnradpaare

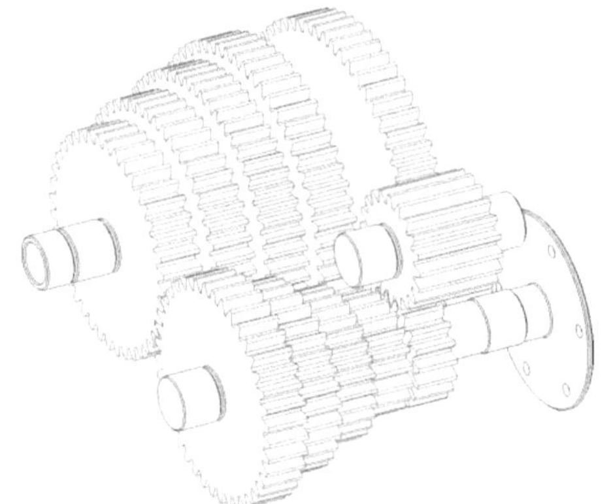

Bei einem **Ziehkeilgetriebe** sind die Zahnradpaare ständig im Eingriff und werden nicht voneinander getrennt. Die Zahnräder der Antriebswelle sind fest mit dieser verbunden und die Zahnräder der Abtriebswelle können frei auf dieser gedreht werden. Durch die Abtriebswelle hindurch verläuft eine Schaltkette mit einem Verbindungskeil. Wird dieser unter ein Zahnrad bewegt, so aktiviert sich eine Sperre, welche das Zahnrad und die Abtriebswelle fest miteinander verbindet.

7.5.1 Befehlsgrundlagen STIRNRÄDER-GENERATOR

Der Stirnräder-Generator (1) ermöglicht die Konstruktion von Stirnradpaaren, wobei alle Randbedingungen frei definiert und die Zahnräder in der Baugruppe positioniert werden können.

7.5.1.1 Register KONSTRUKTION

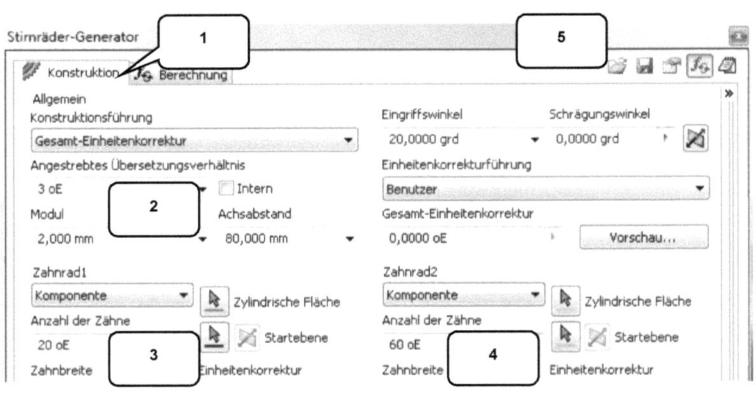

Im Register **Konstruktion** werden Berechnungstyp, Übersetzungsverhältnis, Achsabstand, Eingriffswinkel und geometrische Abmessungen der Stirnräder festgelegt.

OPTIONEN

1) Register: Konstruktion/ Berechnung

2) Berechnungstyp, Übersetzungsverhältnis, Modul, Achsabstand, Eingriffswinkel, Schrägungswinkel

3) Geometrie 1. Stirnrad

4) Geometrie 2. Stirnrad

5) Berechnungswerte importieren/ exportieren, Berechnungseinstellungen

7.5.1.2 Register BERECHNUNG

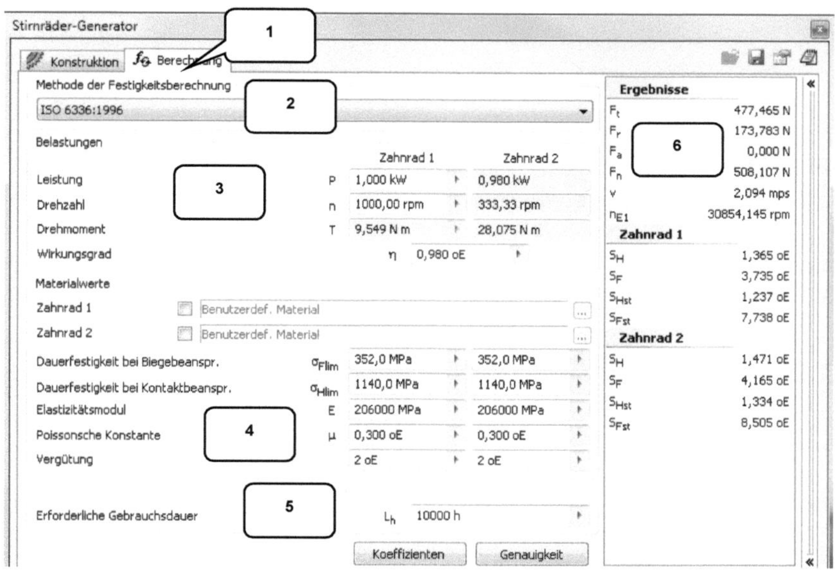

INHALT

Der Register **Berechnung** ermöglicht eine Auswahl der Methode der Festigkeitsberechnung sowie die Definition von Material, Gebrauchsdauer und Belastung.

OPTIONEN

1) Register: Konstruktion/ Berechnung

2) Methode der Festigkeitsberechnung

3) Belastungen

4) Materialauswahl

5) Gebrauchsdauer

6) Berechnungsergebnisse

7.5.2 Konstruktion des Zahnradpaares für den ersten Gang

Um die Zahnradpaare besser konstruieren zu können, sollten die drei Wellen isoliert werden. Dafür sind sie im Browser zu markieren (1) um sie dann zu isolieren (***rechte Maustaste darauf >*** ▦ ***Isolieren***).

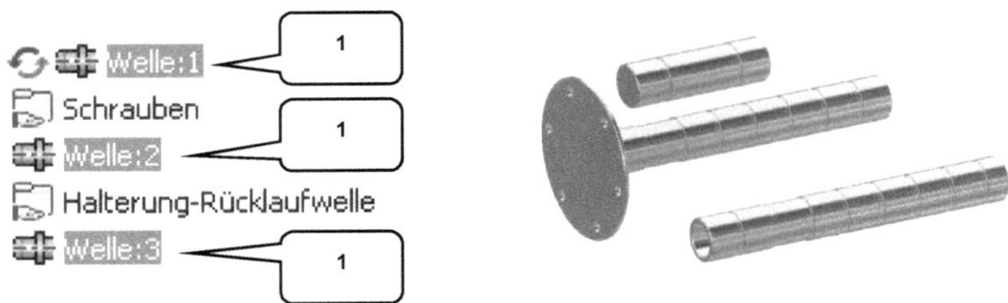

Das Zahnradpaar des ersten Ganges soll ein Übersetzungsverhältnis von **3:1** erhalten. Die Drehzahl der Kurbelwelle soll sich also nur zu einem Drittel von der Antriebs- auf die Abtriebswelle übertragen, das Drehmoment hingegen wird proportional vergrößert.

Die Anzahl der Zähne für das treibende Rad (Zahnrad 1) soll **20** und für das getriebene Rad (Zahnrad 2) **60** betragen. Beide Stirnräder sind in einer Breite von **15 mm** zu konstruieren.

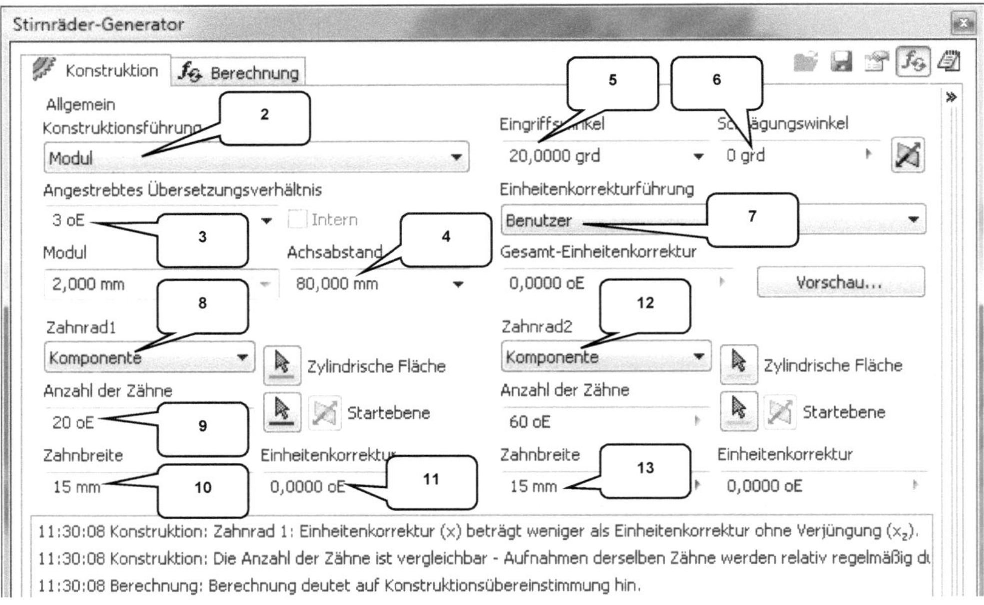

Die Einstellungen sollten in folgender Reihenfolge übernommen werden:

- ➢ *Konstruktionsführung*: Modul (2)
- ➢ *Übersetzungsverhältnis*: 3:1 (3) [13]
- ➢ *Achsabstand*: 80 mm (4)
- ➢ *Eingriffswinkel*: 20° (5)
- ➢ *Schrägungswinkel*: 0° (6)
- ➢ *Einheitenkorrektur*: Benutzer (7)
- ➢ *Zahnrad 1-Option*: Komponente (8)

- ➢ *Zahnrad 1-Anzahl der Zähne*: 20 (9)
- ➢ *Zahnrad 1-Zahnbreite*: 15 mm (10)
- ➢ *Zahnrad 1-Einheitenkorrektur*: 0 (11)
- ➢ *Zahnrad 2-Option: Komponent*e (12)
- ➢ *Zahnrad 2-Zahnbreite*: 15 mm (13)
- ➢ Berechnen *Berechnen*

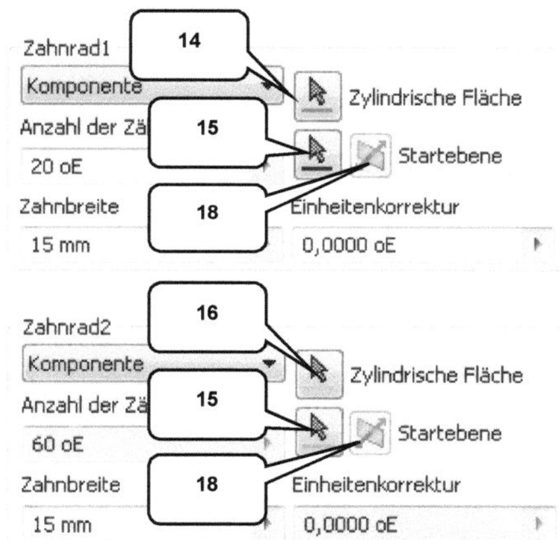

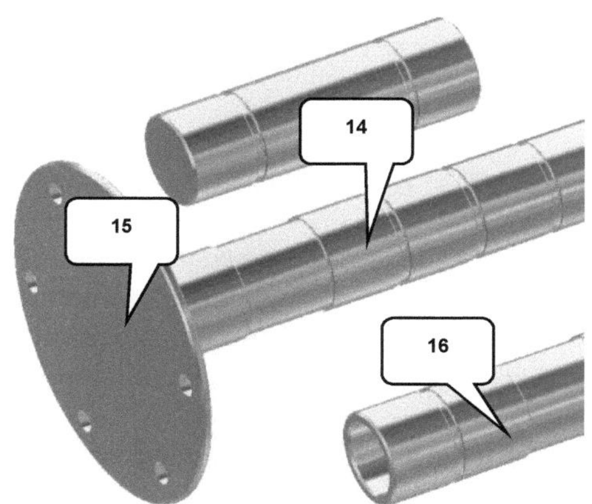

Sobald die Werte berechnet wurden, können die entsprechenden ⃗ *Referenzen* zur Positionierung[14] des ersten Zahnradpaares definiert werden. Verwenden Sie dafür die in der oberen Abbildung markierten zylindrischen Oberflächen (14, 16) und als Startebene die Fläche (15).

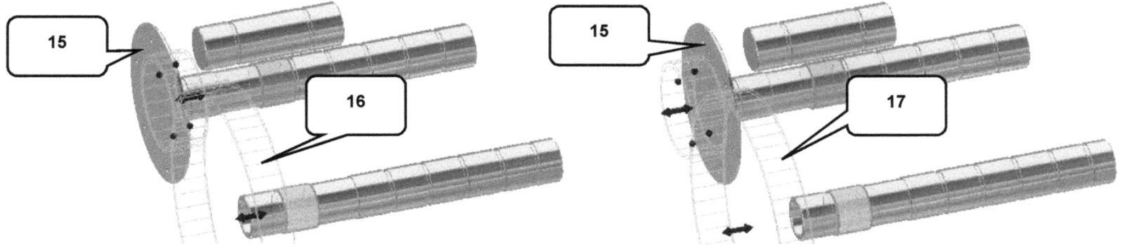

---

[13] Sollte das Eingabefeld *Angestrebtes Übersetzungsverhältnis* (3) nach Aktivierung der Konstruktionsführung *Modul* (2) grau hinterlegt sein, wechseln Sie kurz zur Option Konstruktionsführung *Modul und Anzahl der Zähne* (2) und dann wieder zurück zu *Modul*.

[14] Achten Sie darauf, dass das Zahnradpaar, rechts neben der Startfläche (15) angeordnet wird (16). Sollte dies nicht der Fall sein (17), muss die Option ⊠ *Seite umkehren* (18) zur Korrektur verwendet werden (für jedes Zahnrad einzeln).

Der Befehl kann jetzt mit [OK] *OK* bestätigt werden und das Zahnradpaar wird berechnet. Die neue Unterbaugruppe *Stirnräder:1* (19) sollte im Browser automatisch als *flexibel* (20) gekennzeichnet worden sein werden, andernfalls muss es manuell nachgeholt werden (*rechte Maustaste > Flexibel*), da es sich ansonsten nicht bewegen lässt.

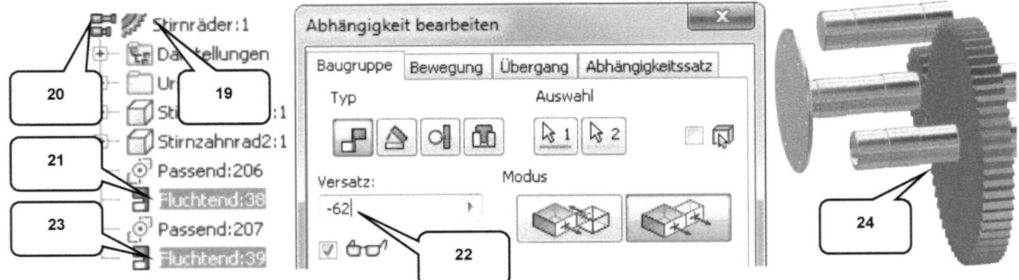

Überprüfen Sie jetzt die Beweglichkeit der Zahnradpaarung, wobei eines der Zahnräder bei gedrückter linker Maustaste gedreht werden muss: das zweite Rad müsste sich analog dazu ebenfalls drehen. Die axialen Abhängigkeiten zwischen den Zahnrädern und den Wellen wurden bereits erzeugt, die genauen Positionen der Zahnräder auf den Wellen fehlen aber noch.

Erweitern Sie dafür die Baugruppe *Stirnräder:1* (19) im Browser. Um die Abstände der Zahnräder zu den Seitenflächen zu definieren, sind die vorhandenen Abhängigkeiten zu bearbeiten. Starten Sie mit der Bearbeitung der ersten Abhängigkeit *Fluchtend* (21) (*rechte Maustaste > Bearbeiten*) und ändern Sie den Versatzwert auf *-62 mm* (22).

Im Ergebnis müsste das Zahnrad jetzt in Richtung der Wellenmitte verschoben werden (24). Übernehmen Sie diesen Versatz auch für das zweite Zahnrad (23) unter Verwendung desselben Wertes von *-62 mm* (22). Danach müssten sich beide Zahnräder wieder auf derselben Höhe befinden[15].

7.5.3   Konstruktion der Zahnradpaare der restlichen Vorwärtsgänge

Wiederholen Sie die vorherige Befehlskette und übernehmen Sie die Werte und Einstellungen aus den nachfolgenden Abbildungen. Das Zahnradpaar des zweiten Ganges (1) wird dabei mit einem Übersetzungsverhältnis von *2:1* (2), bei *30* Zähnen (3) für das erste Zahnrad konstruiert.

---

[15] Sollten die Zahnräder fälschlicherweise außerhalb der Wellen positioniert worden sein, müssen die Versatzwerte auf einen positiven Wert korrigiert werden (+62 mm).

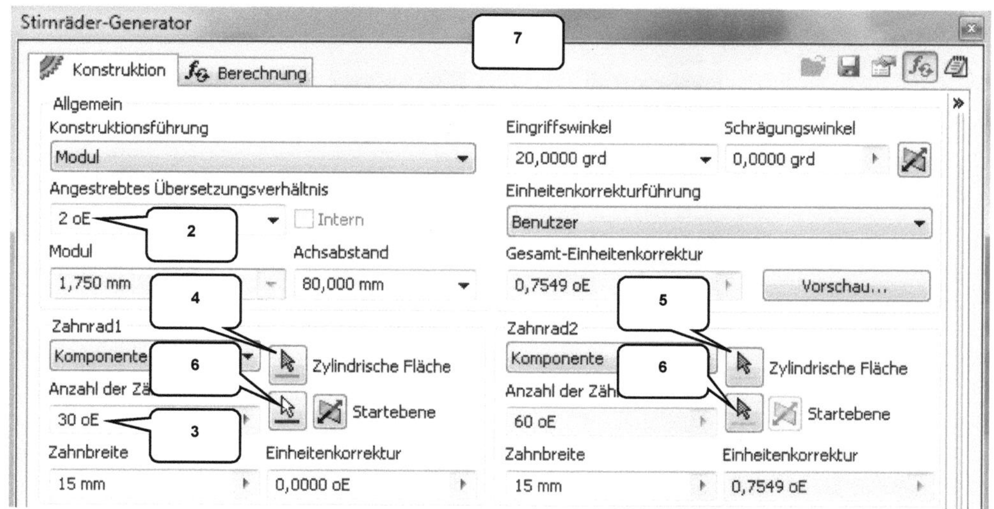

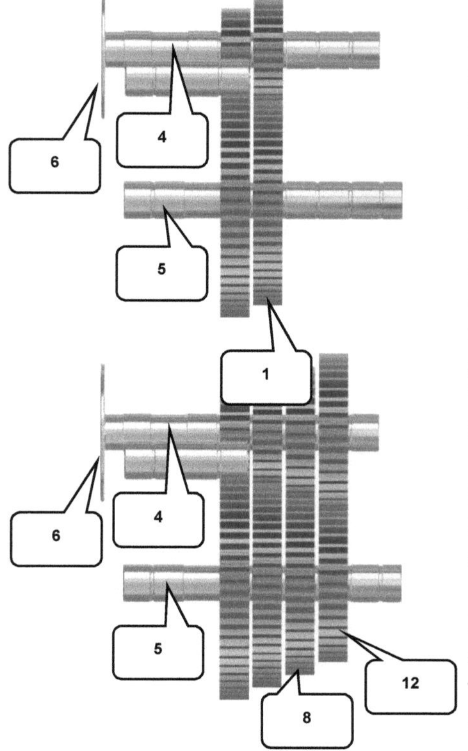

Als 🔍 **Referenzen** für die *zylindrischen Flächen* (4) und (5) und die 🔍 **Startebene** (6) können dieselben geometrischen Elemente wie beim ersten Zahnradpaar verwendet werden. Die restlichen Werte und Einstellungen sind der oberen Abbildung (7) zu entnehmen.

Sobald das Zahnradpaar berechnet und platziert wurde, müssen auch hier die axialen Positionen auf den Wellen korrigiert werden. Hierfür ist im Browser die zuletzt erzeugte Unterbaugruppe *Stirnräder:1* zu erweitern, um die darin enthaltenen fluchtenden Abhängigkeiten zu bearbeiten. Verwenden Sie diesmal einen Versatz von **-79 mm** und kontrollieren Sie abschließend auch hier die Beweglichkeit des Zahnradpaares.

Das Zahnradpaar des dritten Ganges (8) soll mit einem Übersetzungsverhältnis von *1,5:1* (9) bei *33* Zähnen des ersten Zahnrades (10) versehen werden.

Der Versatzwert der Zahnräder von der Ursprungsposition (3) aus, muss anschließend auf **-96 mm** geändert werden. Alle restlichen Werte und Einstellungen sind der nächsten Abbildung (11) zu entnehmen.

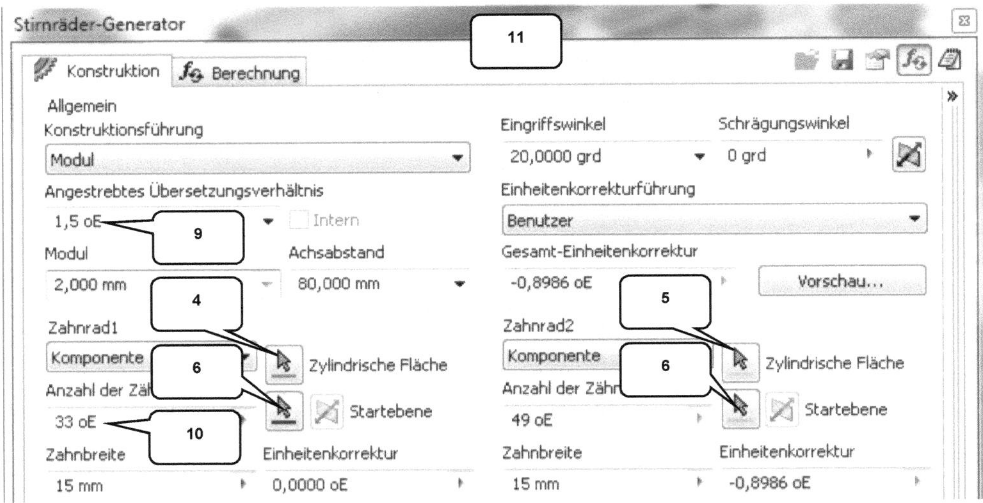

Jetzt kann das Zahnradpaar des vierten Ganges (12) erzeugt werden. Dessen Übersetzungs-verhältnis wird mit *1:1* (13) festgelegt, weshalb dieser Gang auch als oftmals als Direktgang bezeichnet wird, weil sich Antriebs- und Abtriebswelle nahezu gleich schnell drehen. Das erste Zahnrad soll *40* Zähne erhalten (14), die restlichen Werte und Einstellungen sind der Abbildung (15) zu entnehmen.

Wurde die Konstruktion des Zahnradpaares abgeschlossen, ist der Versatz der Zahnräder zur Startfläche (3) auf *-113 mm* zu korrigieren. Prüfen Sie abschließend wieder, ob sich beide Zahnräder drehen lassen und *speichern* Sie die Baugruppe abschließend.

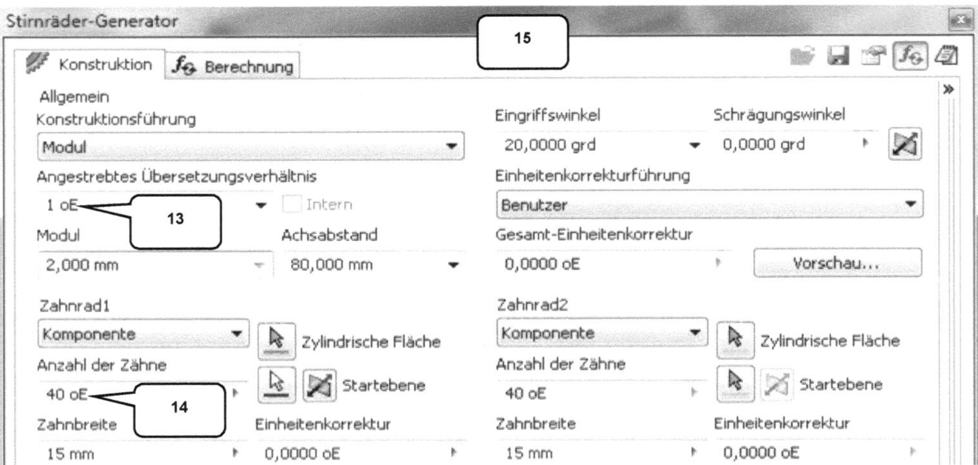

7.5.4 Importieren der Zahnräder für den Rückwärtsgang

Der Rückwärtsgang stellt in seiner Konstruktion eine Besonderheit dar: Um die Drehrichtung der Abtriebswelle ändern zu können, muss der Kraftfluss zuerst über die Rücklaufachse geleitet werden. Leider können mit dem Stirnräder-Generator nur Zahnradpaare - bestehend aus maximal zwei Zahnrädern - konstruiert werden, daher sollen stattdessen vorgefertigte Zahnräder montiert werden, welche bereits im Downloadordner enthalten sind.

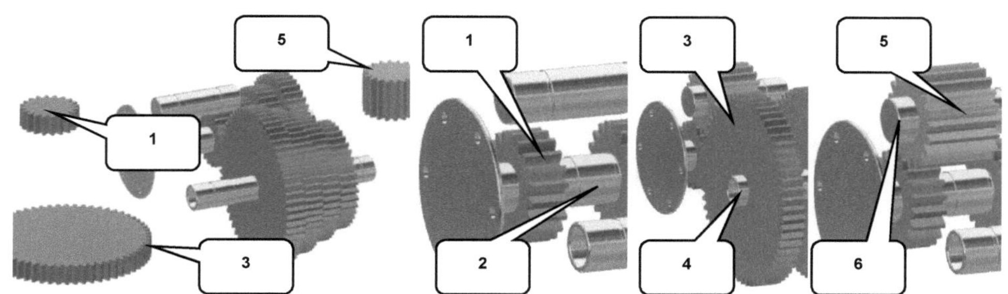

Platzieren Sie die Bauteile *Rückwärtsgang-Stirnzahnrad1.ipt*, *Rückwärtsgang-Stirnzahnrad2.ipt* und *Rückwärtsgang-Stirnzahnrad3.ipt* aus dem Projektordner und legen Sie sie jeweils einmal in der Baugruppe frei ab. Setzen Sie anschließend drei axiale **Abhängigkeiten**: Zahnrad1 (1) soll auf der Antriebswelle (2) befestigt werden, Zahnrad2 (3) soll auf der Abtriebswelle (4) befestigt werden und Zahnrad3 (5) auf der Rücklaufachse (6).

Alle drei Zahnräder sind im Anschluss daran mit einer fluchtenden **Abhängigkeit** zur markierten Seitenfläche der Antriebswelle (7) zu positionieren.

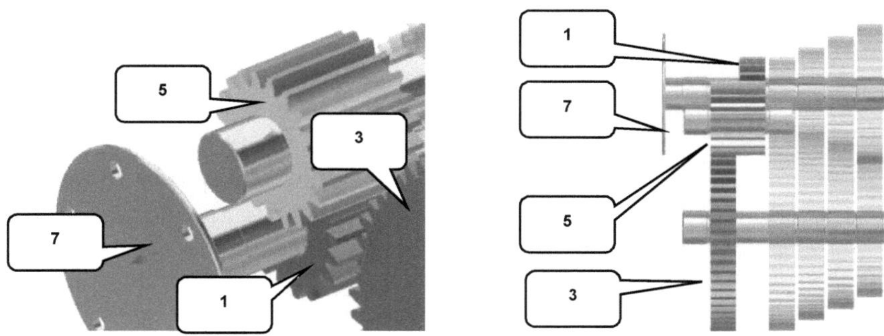

Das Zahnrad auf der Antriebswelle (1) soll einen Versatz von *-45 mm* zur Seitenfläche (7) erhalten und die beiden Zahnräder (3, 5) sind jeweils mit einem Versatz von *-28 mm* anzuordnen (siehe Abbildung). *Speichern* Sie die Baugruppe erneut.

7.5.5 Wellen und Zahnräder mit Bewegungsabhängigkeiten versehen

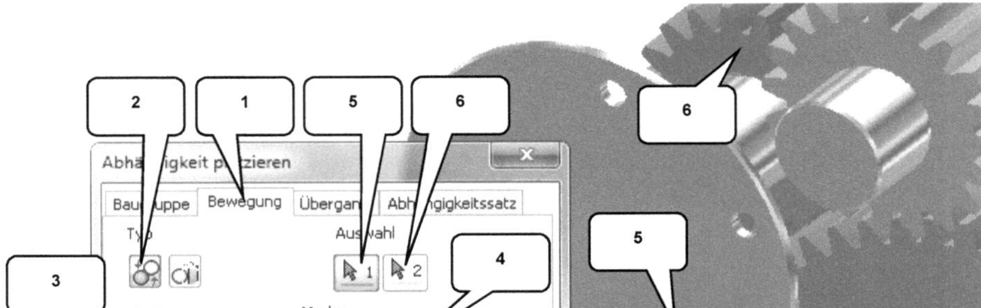

Nachdem alle Stirnräder in die Baugruppe eingefügt wurden, sollen Bewegungsabhängigkeiten ihre Drehbewegungen synchronisieren. Zuerst sind die Zahnräder der Antriebswelle mit dieser fest zu verbinden.

Starten Sie dafür den Befehl **Abhängig machen** in der Befehlsgruppe *Zusammenfügen* und aktivieren Sie dort das Register *Bewegung* (1). Wählen Sie den Typ *Drehung* (2), tragen Sie ein Verhältnis von *1:1* (3) ein und aktiveren Sie den Modus *Vorwärts* (4). Für die *Auswahl 1* soll die markierte Fläche der Antriebswelle (5) gewählt werden. Für die *Auswahl 2* die Seitenfläche des markierten Zahnrades (6).

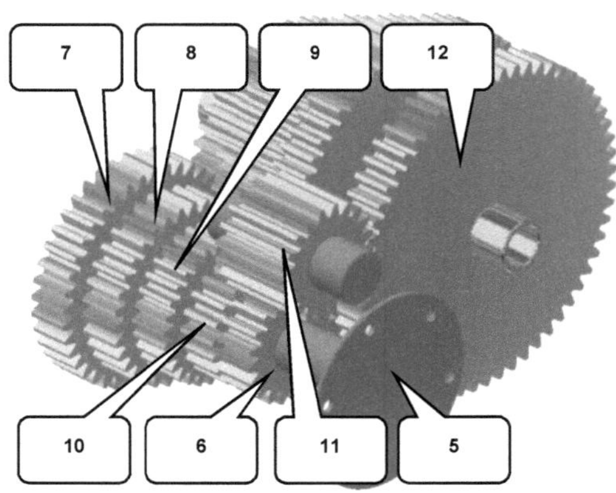

Bestätigen Sie den Befehl mit Anwenden *Anwenden* und wiederholen Sie die Befehlskette bei den restlichen vier Zahnrädern der Antriebswelle (7...10). Die Referenz der *Auswahl 1* bleibt dabei immer dieselbe (Seitenfläche der Antriebswelle). Als Referenz der *Auswahl 2* ist jeweils die Seitenfläche des zu verbindenden Zahnrades auszuwählen.

Wurden alle Zahnräder der Antriebswelle mit dieser verbunden, sollte die Welle (5) bei gedrückter linker Maustaste bewegt werden: Die Zahnradpaare sollten sich jetzt auch bewegen.

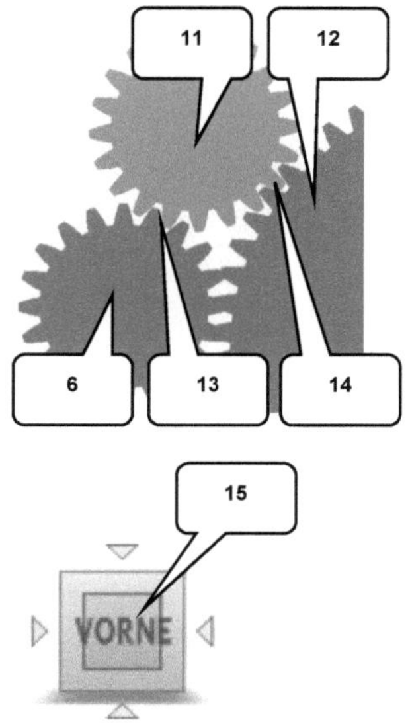

Um die Zahnräder des Rückwärtsganges miteinander zu verbinden, sollten sie zur besseren Ansicht vorab isoliert werden.

Markieren Sie die drei Zahnräder (6), (11) und (12) und isolieren Sie sie (*rechte Maustaste* > *Isolieren*).

Wechseln Sie am *ViewCube* zur Ansicht *VORNE* (15), zoomen Sie an die Schnittstelle der beiden kleinen Zahnräder (Position 13) sehr dicht heran und drehen Sie die Zahnräder, bis ihre Zähne (6) und (11) kollisionsfrei ineinandergreifen. Bewegen Sie anschließend auch das Zahnrad (12), bis dessen Zähne kollisionsfrei mit denen des Zahnrades (11) ineinandergreifen (14).

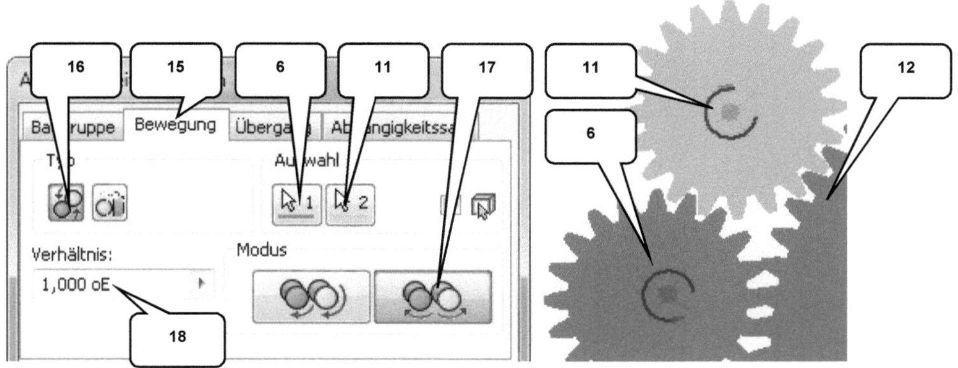

Starten Sie den Befehl **Abhängig machen** im Register *Bewegung* (15) und verbinden Sie die beiden Zahnräder (6) und (11) miteinander. Verwenden Sie den Typ *Drehung* (16), den Modus *Rückwärts* (17) und das Übersetzungsverhältnis *1:1* (18) und bestätigen Sie die Eingaben durch *Anwenden* *Anwenden*.

Setzen Sie eine weitere Bewegungsabhängigkeit zwischen den Zahnrädern (11) und (12). Verwenden Sie auch hier den Typ *Drehung* (19), den Modus *Rückwärts* (20), aber tragen Sie diesmal ein Übersetzungsverhältnis von *3:1* (21) ein. Der Befehl kann anschließend mit *OK* *OK* beendet werden.

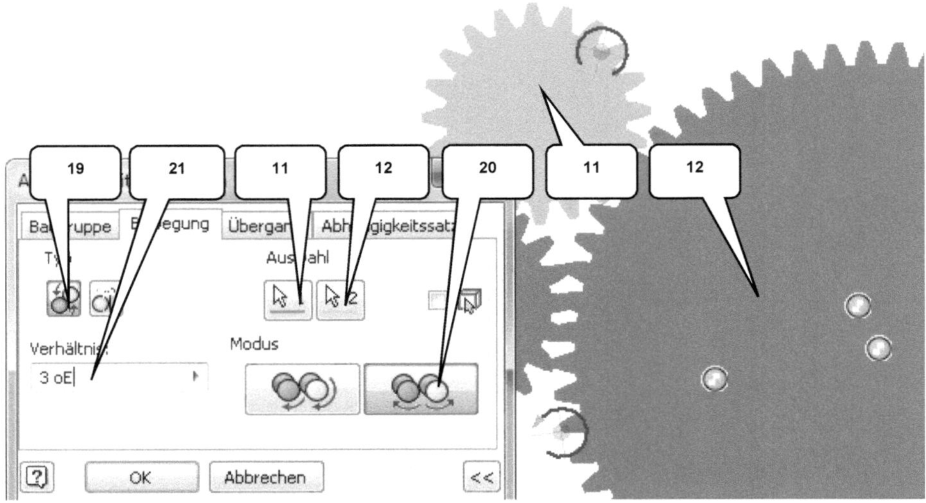

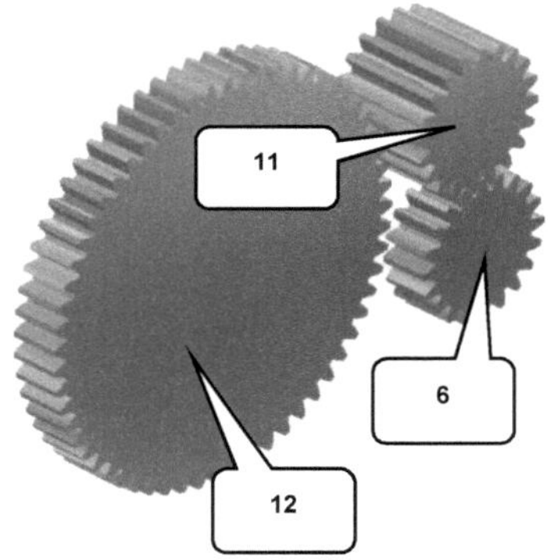

Drehen Sie eines der Zahnräder um die Bewegungs-
abhängigkeiten zu testen: die Zahnradpaarungen (6)
und (11) sowie (11) und (12) sollten jeweils kollisions-
frei ineinandergreifen.

Die im Moment noch ausgeblendeten restlichen Kom-
ponenten der Baugruppe können jetzt wieder einge-
blendet werden: Markieren Sie hierfür im Browser alle
grau dargestellten Komponentennamen (<u>nicht</u> das
Bauteil *Motorradrahmen.ipt*), klicken Sie dann mit
der *rechten Maustaste* darauf und wählen Sie die
Option *Sichtbarkeit*.

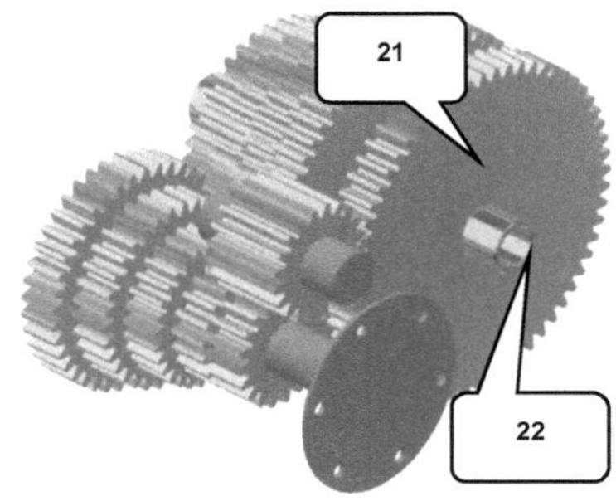

Markieren Sie im Browser alle Stirnräder und weisen
Sie ihnen die Farbe *Chrom-poliert-schwarz* zu.
Auch die Abtriebswelle sollte jetzt mit einem der da-
rauf angeordneten Zahnräder verbunden werden,
was ebenfalls mit einer Bewegungsabhängigkeit um-
zusetzen ist.

Starten Sie dafür im Register *Bewegung* den Befehl
Abhängig machen.

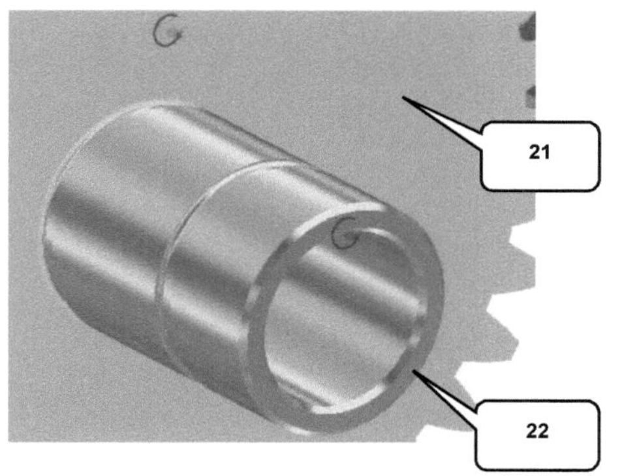

Aktivieren Sie den Typ 🔄 *Drehung*, den Modus ∞ *Vorwärts*, und geben Sie ein Übersetzungsverhältnis von *1:1* ein. Als ⌖ *Referenz* der *Auswahl 1* ist die Seitenfläche des markierenden Zahnrades (21) und als ⌖ *Referenz* der *Auswahl 2* die Ringfläche der Abtriebswelle (22) zu verwenden.[16]

Speichern Sie die gesamte Baugruppe erneut.

7.6 Konstruktion des Kegelradgetriebes

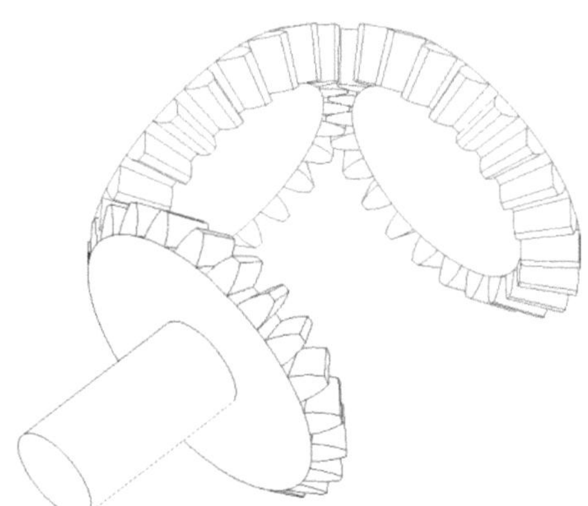

Durch die Abtriebswelle soll ja eine Rollenkette laufen, welche den Verbindungskeil bewegt, der Zahnrad und Abtriebswelle miteinander verbindet. Hierfür benötigt man ausreichend Platz an den Seiten der Welle, um die Kette, welche durch Kettenräder geführt wird, in die Welle hinein- und wieder hinausbewegen zu können.

Um den erhöhten Platzbedarf zu gewährleisten (und auch um die Drehrichtung der Ausgangswelle zu ändern), muss am Ende der Abtriebswelle ein zusätzliches Kegelradgetriebe (bestehend aus drei jeweils um 90° zueinander geneigten Kegelrädern) konstruiert werden.

---

[16] Im aktuellen Beispiel wurde die Abtriebswelle mit dem Zahnrad des Rückwärtsganges verbunden. Wenn Sie möchten, können Sie natürlich auch eines der Zahnräder der Vorwärtsgänge anstelle des Zahnrades des Rückwärtsganges verwenden. Allerdings sollte die Drehverbindung des Rückwärtsganges dann vorher wieder entfernt werden.

7.6.1 Achse und Lager zur Platzierung der Kegelräder erstellen

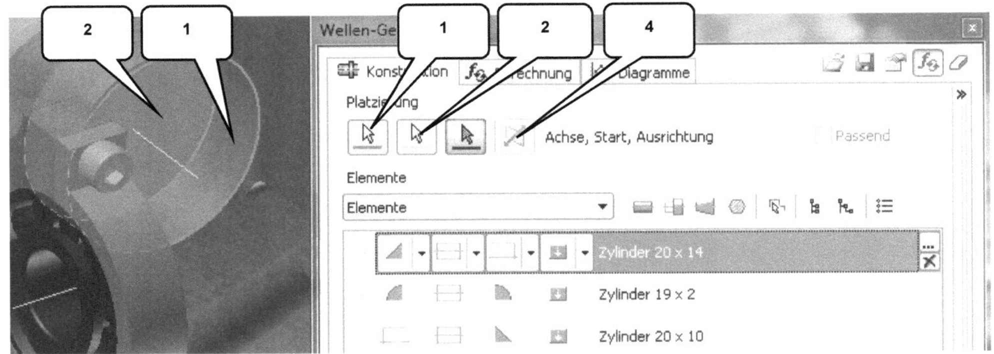

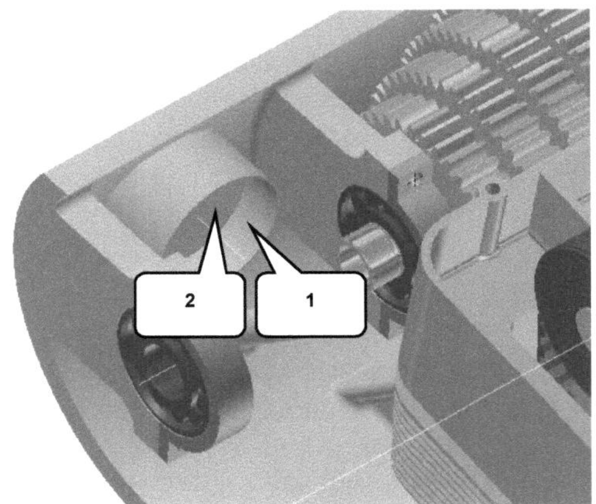

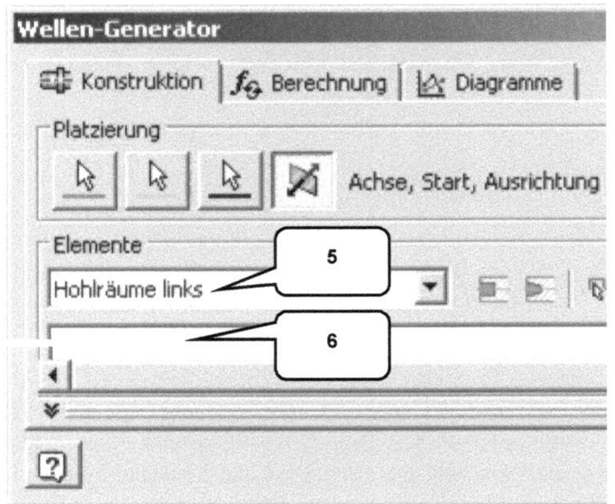

Bevor das Kegelradgetriebe konstruiert werden kann, muss die Baugruppe um eine weitere Achse und ein zusätzliches Wälzlager ergänzt werden.

Starten Sie den Wellen-Generator. Verwenden Sie als Referenz für die *zylindrische Fläche* die markierte Zylinderfläche (1) im Motorgehäuse und als *Referenz* für die *planare Startfläche* die markierte Fläche (2) im hinteren Teil des Getrieberaumes.

Erstellen Sie aus drei Abschnitten bestehende Achse und versehen Sie sie mit Fasen und Rundungen.

Die beiden *Fasen* sind mit der Option *Abstand* und einem Wert *0,5 mm* zu erstellen, die beiden *Rundungen* mit einem jeweiligen Radius *0,5 mm*.

Achten Sie auf die Ausrichtung der Achse, denn sie muss - von der Startebene aus - in Richtung Getriebeinnenraum zeigen (3). Eine Korrektur wäre ansonsten mit der Option *Seite umkehren* (4) möglich.

Stellen Sie sicher, dass in der Option *Hohlräume links* (5) keine Durchgangsbohrung mehr aktiviert ist (6). Bestätigen Sie den Befehl und weisen Sie der Achse die Farbe *Chrom-poliert-blau* zu.

Weiterhin muss ein neues Wälzlager eingefügt werden. Markieren Sie das bereits vorhandene Lager (7), kopieren Sie es und fügen Sie es ein weiteres Mal in die Baugruppe ein (*rechte Maustaste > Kopieren* und *rechte Maustaste > Einfügen*).

Setzen Sie zwei *Abhängigkeiten*, um das neue Lager zu positionieren. Verbinden Sie hierfür die Achsen der beiden Zylinderflächen (8) und (9) von Achse und Lager und die Flächen (10) und (11) von Lager und Getrieberaum. Abbildung (12) zeigt die endgültige Position des Lagers nach dessen Platzierung.

Weisen Sie dem Lager die Farbe *Blau* zu und **speichern** Sie die Baugruppe wieder.

7.6.2 Befehlsgrundlagen KEGELRÄDER-GENERATOR

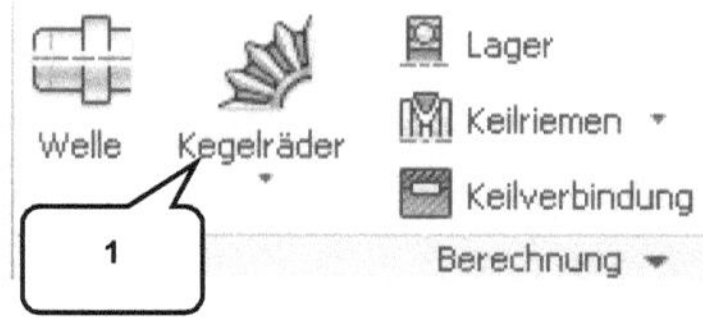

Der Kegelräder-Generator (1) kann grundlegend mit dem Stirnräder-Generator verglichen werden, da die Vorgehensweise bei der Berechnung ähnlich ist. Von der geometrischen Form einmal abgesehen gibt es hier allerdings die Möglichkeit, die Kegelräder in einem bestimmten Winkel zueinander anzuordnen.

7.6.2.1 Register KONSTRUKTION

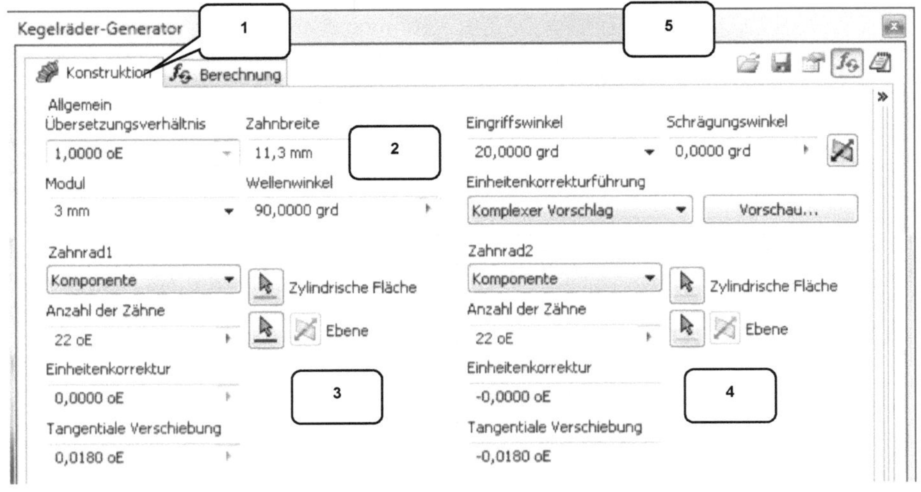

INHALT

Im Register **Konstruktion** werden alle Randbedingungen definiert und ggf. Vorgaben zur Positionierung der Kegelräder in der Baugruppe festgelegt.

OPTIONEN

1) Register: Konstruktion/ Berechnung
2) Allgemeine Grundeinstellungen
3) Geometrie Kegelrad 1
4) Geometrie Kegelrad 2

5) Berechnungswerte, Berechnung aktivieren/ deaktivieren, Dateibenennung aktivieren, Berechnungswerte zurücksetzen

7.6.2.2 Register BERECHNUNG

INHALT

Im Register **Berechnung** können die Methode der Festigkeitsberechnung, Belastungen der Kegelräder, Materialwerte und die erforderliche Gebrauchsdauer definiert werden. Als Berechnungsmethoden stehen die Optionen nach Bach, nach Merrit und diverse Kombinationen aus ANSI, DIN, ISO und CSN zur Verfügung.

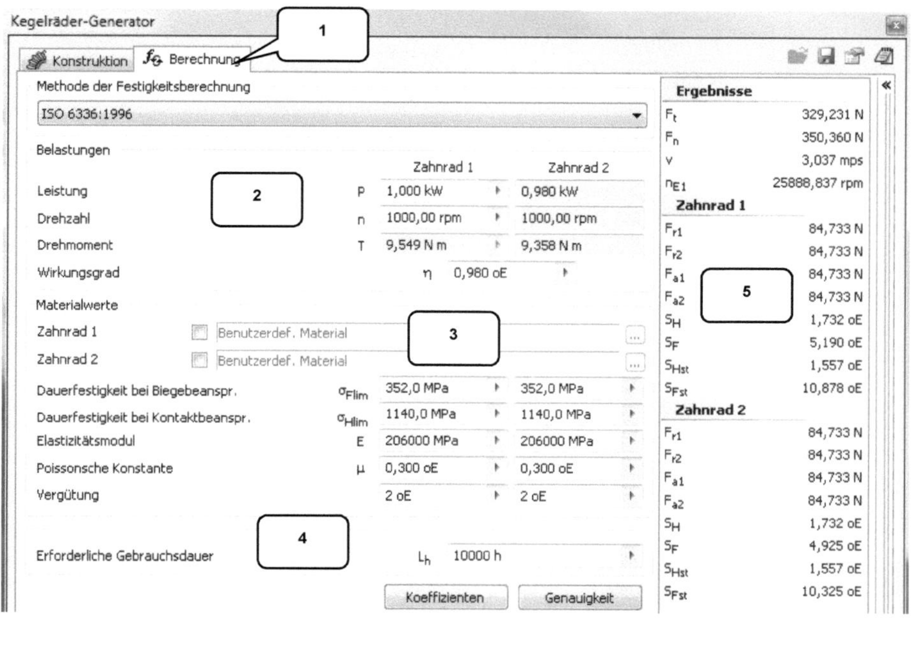

OPTIONEN

1) Register: Konstruktion/ Berechnung
2) Belastung
3) Material

4) Gebrauchsdauer
5) Ergebnisdarstellung

7.6.3 Konstruktion des Kegelradgetriebes

Übernehmen Sie alle Werte und Einstellungen der folgenden Abbildung (1) und **berechnen** Sie die Ergebnisse anschließend. Der Befehl kann dann wieder mit OK beendet werden.

Legen Sie das Kegelradpaar vorerst frei im Zeichenbereich ab (2) und richten Sie es etwas aus. Hierfür muss zuerst die Kegelradbaugruppe markiert werden, dann die *Taste: G* gedrückt werden und beide Kegelräder können dann bei gedrückter linker Maustaste gedreht werden, bis in etwa die dargestellte Position (3) erreicht wurde. [17]

---

[17] Die Positionierung der Kegelräder könnte theoretisch bereits während des Befehls erfolgen. Da hierbei leider häufig Probleme auftreten (trotz korrekter Angabe der Referenzen werden die Kegelradpaare falsch platziert), ist der automatischen Positionierung besser eine manuelle Platzierung (Befehl *Abhängig machen*) vorzuziehen.

Kegelräder-Generator [1]

Konstruktion f_G Berechnung

Allgemein

Übersetzungsverhältnis	Zahnbreite	Eingriffswinkel	Schrägungswinkel
1,0000 oE	11,3 mm	20,0000 grd	0,00000000 grd

Modul: 3 mm Wellenwinkel: 90 grd

Einheitenkorrekturführung: Komplexer Vorschlag Vorschau...

Zahnrad1

Komponente — Zylindrische Fläche

Anzahl der Zähne: 22 oE — Ebene

Einheitenkorrektur: 0,0000 oE

Tangentiale Verschiebung: 0,0180 oE

Zahnrad2

Komponente — Zylindrische Fläche

Anzahl der Zähne: 22 oE — Ebene

Einheitenkorrektur: -0,0000 oE

Tangentiale Verschiebung: -0,0180 oE

[2] [3]

Um die Kegelräder axial auf Welle und Achse zu positionieren, soll der Befehl **Abhängig machen** gestartet werden. Erstellen Sie axiale Abhängigkeiten zwischen den markierten Achsen der Kegelräder (4) und den Mantelflächen von Welle und Achse (5).

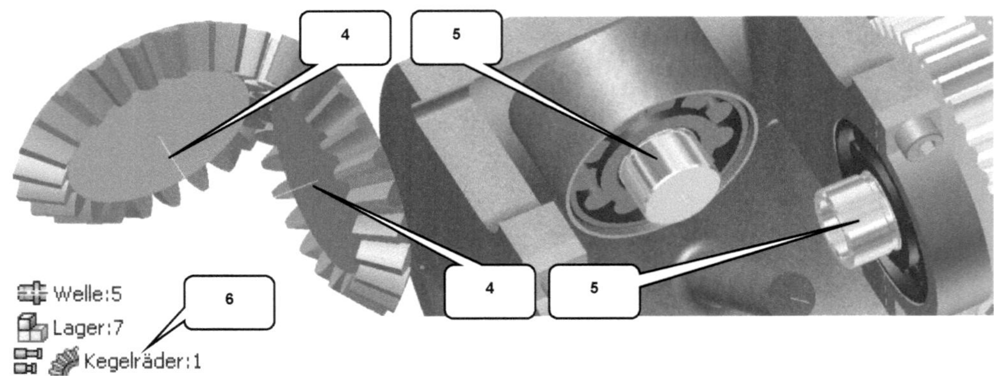

Testen Sie die Beweglichkeit des Stirnradpaares. Sollten sich die Stirnräder nicht drehen lassen, müssen diese eventuell auch zuerst flexibilisiert werden (*rechte Maustaste* auf *Kegelräder:1* (6) im Browser > *Flexibel* aktivieren).

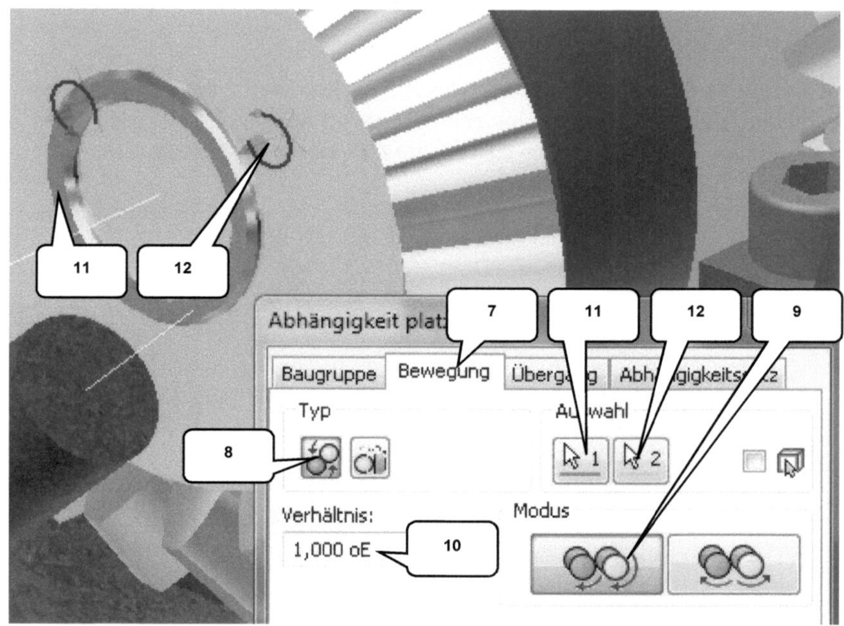

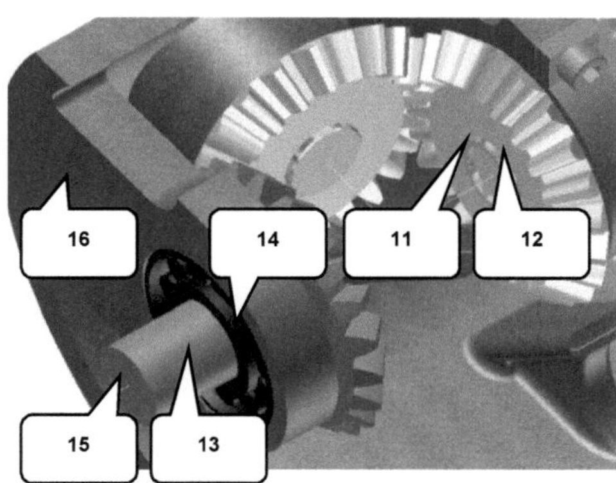

Das Kegelradgetriebe muss jetzt noch mit Bewegungsabhängigkeiten versehen werden.

Starten Sie den Befehl Abhängig machen, aktivieren Sie das Register *Bewegung* (7) und darin den Typ *Drehung* (8), dann den Modus *Vorwärts* (9) und tragen Sie das Übersetzungsverhältnis *1:1* (10) ein. Für die *Auswahl 1* ist die schmale Ringfläche der Abtriebswelle (11) zu wählen und für die *Auswahl 2* die Seitenfläche des markierten Kegelrades (12).

Platzieren Sie das Bauteil *Abtrieb-Kegelrad-außen.ipt* aus dem Projektordner und legen Sie es einmal frei im Baugruppenbereich ab.

Zu ihrer Positionierung sollten zwei Abhängigkeiten erzeugt werden: Die Welle des neu eingefügten Kegelrades (13) muss axial mit der Zylinderfläche des markierten Lagers (14) verbunden werden. Die Stirnseite des Wellenzylinders (15) soll fluchtend zur markierten Seitenfläche des Getriebes (16) positioniert, und in einem Abstand von *-22 mm* dazu angeordnet werden[18].

Vor dem Setzen einer Bewegungsabhängigkeit zwischen dem zuletzt eingefügten Kegelrad und den beiden anderen, muss das einzelne Kegelrad ausgerichtet werden. Markieren Sie alle drei Kegelräder und isolieren Sie sie (*rechte Maustaste* > *Isolieren*).

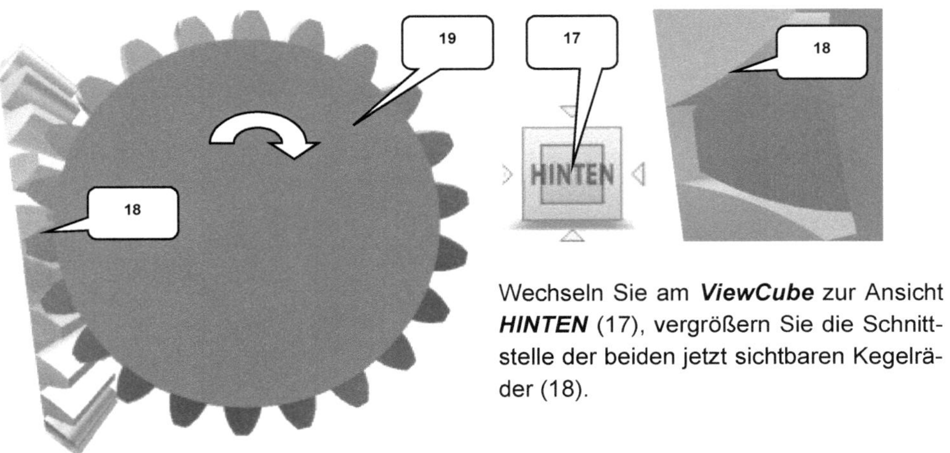

Wechseln Sie am *ViewCube* zur Ansicht *HINTEN* (17), vergrößern Sie die Schnittstelle der beiden jetzt sichtbaren Kegelräder (18).

Drehen Sie das Kegelrad (19) etwas, bis die Zähne beider Kegelräder kollisionsfrei ineinandergreifen. Das Kegelrad (19) darf danach nicht mehr bewegt werden! Drehen Sie die gesamte Ansicht etwas, um eine Bewegungsabhängigkeit zwischen den beiden ausgerichteten Kegelrädern zu erzeugen. Starten Sie hierfür den Befehl *Abhängig machen*.

---

[18] Die Welle des zuletzt eingefügten Kegelrades (13) müsste jetzt aus dem Getrieberaum herausragen. Andernfalls ist der Abstand der fluchtenden Abhängigkeit auf *+22 mm* zu korrigieren!

Im Register **Bewegung** (20) sind der Typ **Drehung** (21) und der Modus **Vorwärts** (22) zu aktivieren und ein Übersetzungsverhältnis **1:1** (23) ist einzutragen. Als Referenzflächen sind die Kegelradflächen (24) und (25) zu verwenden. Im Anschluss daran können alle drei Kegelräder mit der Farbe **Chrom-poliert-schwarz** versehen werden.

Beenden Sie die Isolierung (**rechte Maustaste** > **Isolieren rückgängig**) und **speichern** Sie die Baugruppe abschließend.

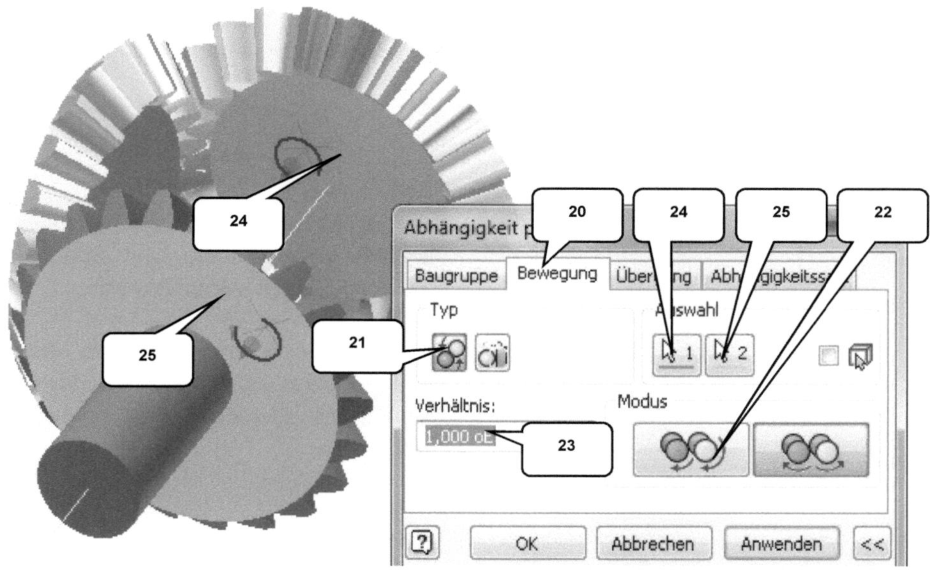

8 Rollenketten

8.1 Rollenketten erzeugen

Rollenketten werden häufig verwendet, weil Sie aufgrund ihrer hohen Stabilität große Kräfte bei kleinster Bauweise übertragen können. Im aktuellen Übungsbeispiel sollen insgesamt zwei Rollenketten konstruiert werden: Die erste Kette wird die Kraftübertragung von der Kurbelwelle auf das Getriebe gewährleisten und muss daher stabil ausgeführt werden. Die zweite Kette wird axial durch die Abtriebswelle verlaufen, um dort den Verbindungskeil zu bewegen. Aufgrund ihrer geringen Beanspruchung kann sie wesentlich filigraner ausfallen.

8.1.1 Befehlsgrundlagen ROLLENKETTEN-GENERATOR

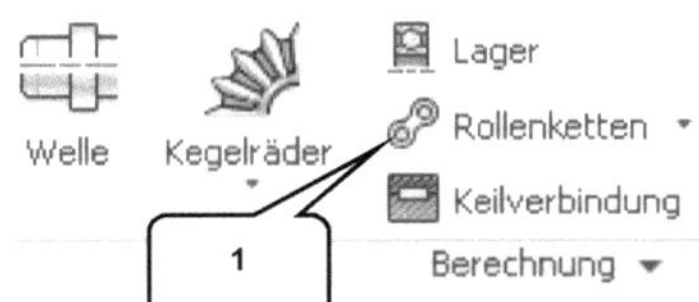

Mit dem Rollenketten-Generator (1) können Kettenantriebe, bestehend aus Rollenkette, Kettenrädern und Spannrollen, berechnet und konstruiert werden.

Die Positionierung kann bereits aus dem Befehl heraus und anhand vorhandener geometrischer Elemente vorgenommen werden.

8.1.1.1 Register KONSTRUKTION

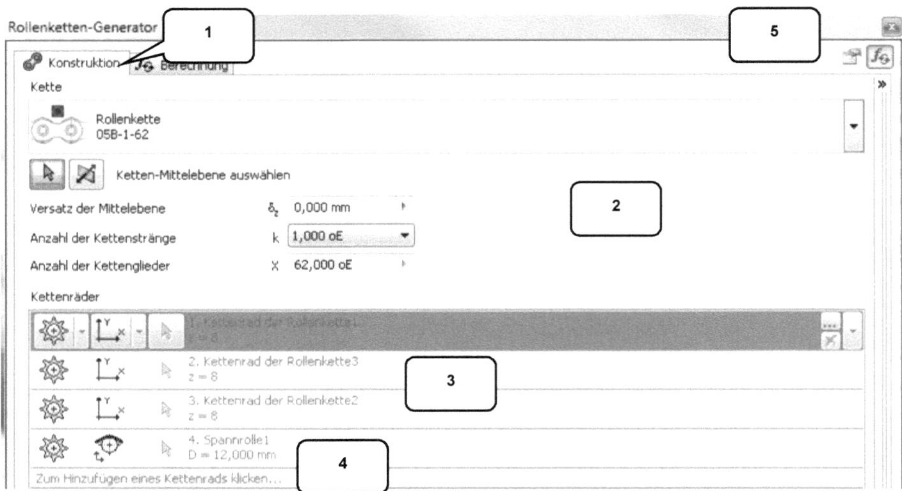

INHALT

Im Register **Konstruktion** wird der Kettentyp gewählt, neue Kettenräder und Spannrollen werden erzeugt und ggf. auf vorhandene geometrische Referenzen der Baugruppe platziert.

OPTIONEN

1) Register: Konstruktion/ Berechnung
2) Kettentyp, Anzahl Kettenstränge, Kettenantrieb positionieren
3) Kettenräder/ Spannrollen bearbeiten

4) Neue Kettenräder/ Spannrollen erzeugen
5) Dateibenennung und Berechnung aktivieren/ deaktivieren

8.1.1.2 Register BERECHNUNG

INHALT

Das Register **Berechnung** ermöglicht die Verwaltung der Arbeitsbedingungen, Ketteneigenschaften und weiterer Randbedingungen.

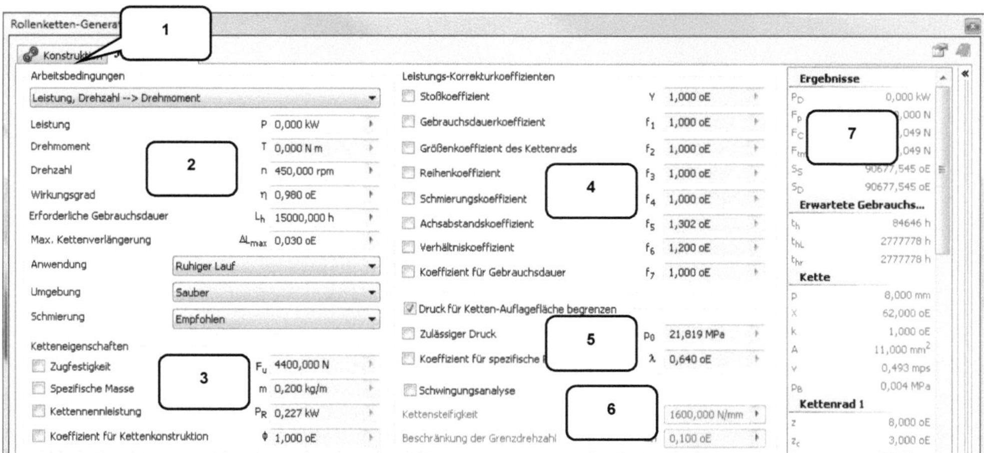

OPTIONEN

1) Register: Konstruktion/ Berechnung
2) Berechnungstyp, Arbeitsbedingungen
3) Ketteneigenschaften
4) Leistung-Korrekturkoeffizienten

5) Auflageflächendruck
6) Schwingungsanalyse
7) Ergebnisberechnung

8.1.2   Konstruktion der Antriebskette

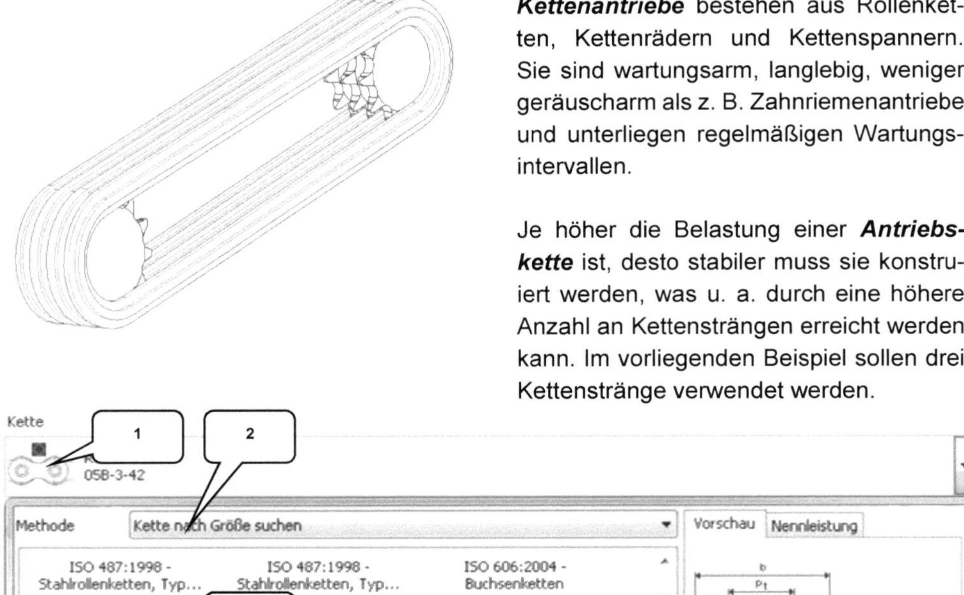

Kettenantriebe bestehen aus Rollenketten, Kettenrädern und Kettenspannern. Sie sind wartungsarm, langlebig, weniger geräuscharm als z. B. Zahnriemenantriebe und unterliegen regelmäßigen Wartungsintervallen.

Je höher die Belastung einer **Antriebskette** ist, desto stabiler muss sie konstruiert werden, was u. a. durch eine höhere Anzahl an Kettensträngen erreicht werden kann. Im vorliegenden Beispiel sollen drei Kettenstränge verwendet werden.

Kette	k	p		d_2	b_1	p_t	F_t
05B-1	1,000 oE	8,00	0 mm	2,310 mm	3,000 mm	5,640 mm	44
05B-2	2,000 oE	8,	0 mm	2,310 mm	3,000 mm	5,640 mm	78
05B-3	3,000 oE	6,000 mm	5,000 mm	2,310 mm	3,000 mm	5,640 mm	11

Klicken Sie auf das ⚙ **Kettensymbol** (1) um den Kettentyp auszuwählen. Im neu geöffneten Auswahlfenster soll die Option **Kette nach Größe suchen** (2) aktiviert sein. Wählen Sie den Kettentyp **ISO 606:2004 – Präzisions-Rollenketten mit kurzer Teilung (EU)** (3), aktivieren Sie in der darunterliegenden Tabelle die Zeile **05B-3** (4) und bestätigen Sie die Auswahl durch einen Klick auf das ☑ **Symbol**.

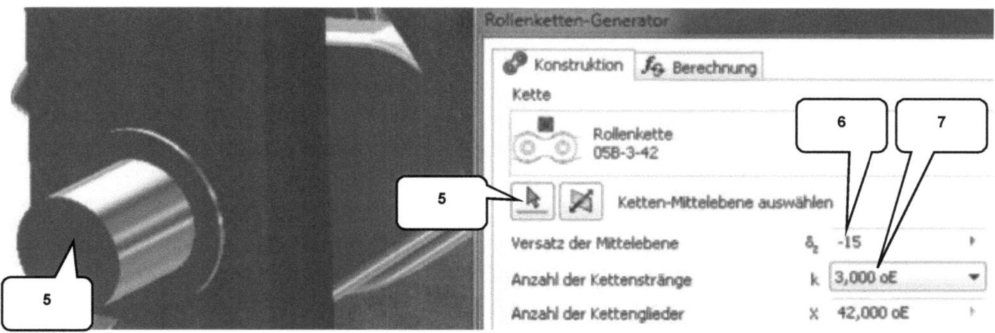

Drehen Sie die gesamte Ansicht auf die Seite der Kupplung (*ViewCube-Ansicht*: *VORNE*) und wählen Sie als *Referenz* für die *Ketten-Mittelebene* die markierte Seitenfläche der Kurbelwelle (5).

Im Eingabefeld *Versatz der Mittelebene* (6) ist der Wert *-15 mm* einzutragen. Im Bereich *Anzahl der Kettenstränge* sollte der Wert *3* (7) bereits voreingestellt sein, was allerdings zu kontrollieren ist. Die *Anzahl der Kettenglieder* wird vom Programm automatisch berechnet und muss daher nicht vorgegeben werden.

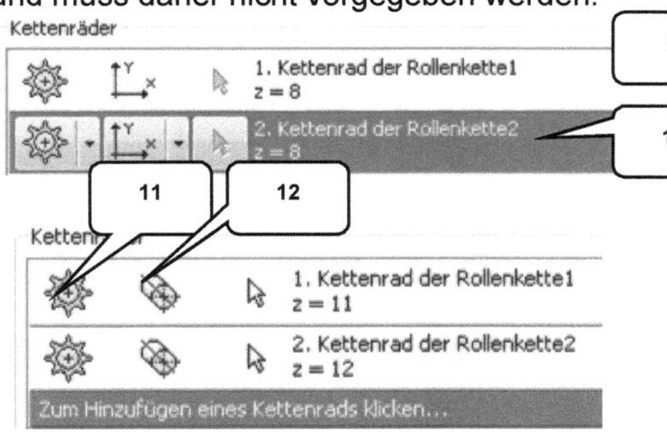

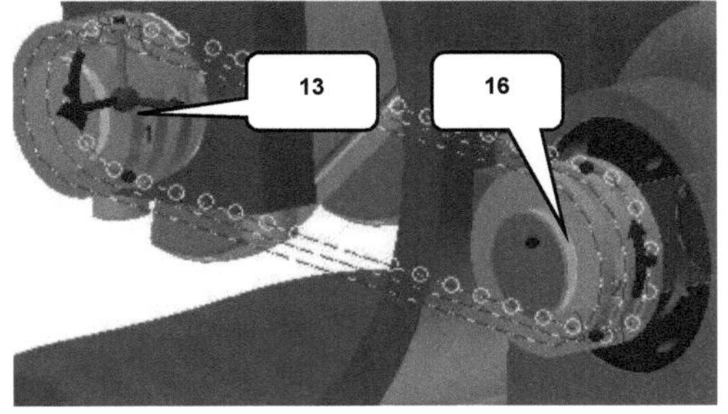

Im Fenster *Kettenräder* (8) sollten, je nach Voreinstellung des Programms, bereits zwei Zeilen angezeigt werden. Sollten es mehr sein, entfernen Sie alle bis auf die ersten beiden (um eine Zeile zu löschen muss sie zuerst aktiviert werden, um danach auf das Symbol *Löschen* (9) klicken zu können).

Die beiden ersten (nicht gelöschten) Kettenräder sollten als Typ *Kettenrad der Rollenkette* (10) vorgegeben sein. Starten Sie mit der Bearbeitung des ersten Kettenrades, indem Sie zuerst links in der *Kettenrad-Geo-*

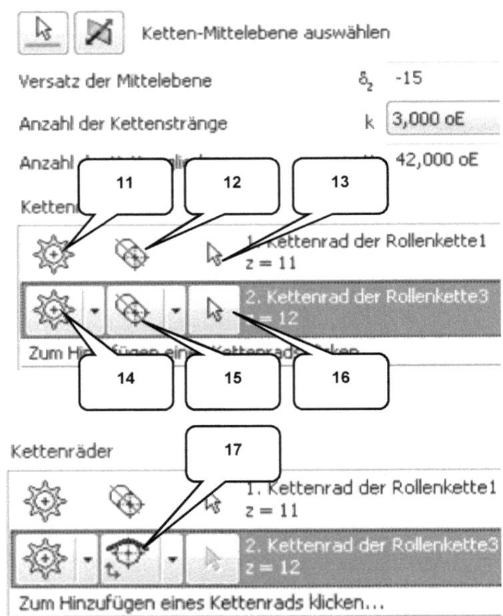

metrie (11) die Option ⚙ *Komponente* aktivieren (gelbes Zahnrad-Symbol). Rechts daneben ist die *Feste Position über ausgewählte Geometrie* (12) auszuwählen (gelbes, zylindrisches Symbol). Für die geometrische *Referenz* des ersten Kettenrades ist die Zylinderfläche der Kurbelwelle (13) zu verwenden.

Für das zweite Kettenrad sind ebenfalls die beiden Einstellungen ⚙ *Komponente* (14) und *Feste Position über ausgewählte Geometrie* (15) zu übernehmen. Als *Referenz* ist diesem Kettenrad die Mantelfläche der Kupplungswelle (16) zuzuweisen. Die Option *Feste Position über ...* des zweiten Kettenrades muss anschließend auf *Frei verschiebbare Position* (17) geändert werden.

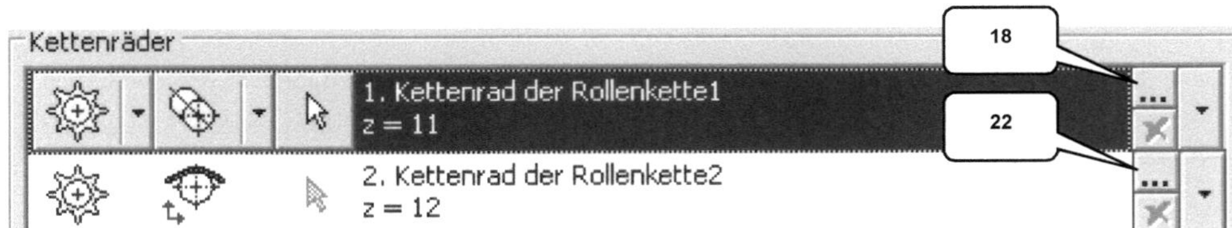

Aktivieren Sie die Zeile des ersten Kettenrades und starten Sie dessen ⋯ *Bearbeitung* (18). Aktivieren Sie die Option **Bewegung im Uhrzeigersinn** (19) und geben Sie für die Anzahl der Zähne den Wert **11** (20) ein. Wählen Sie die **Theoretische Zahnform** (21) und bestätigen Sie die Eingaben anschließend mit OK **OK**.

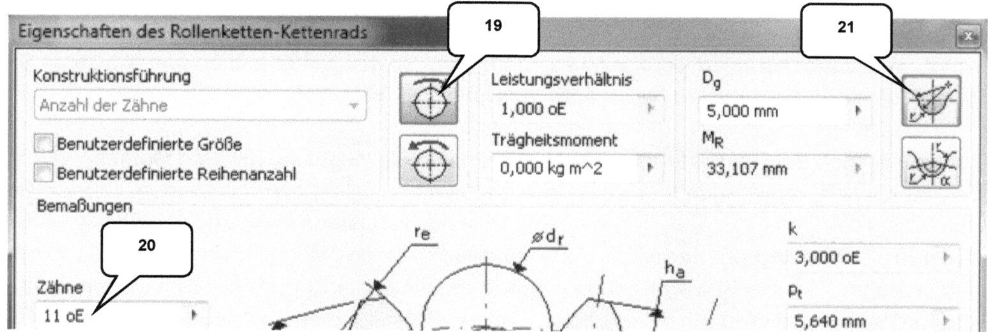

Starten Sie die ⋯ *Bearbeitung* (22) des zweiten Kettenrades und wählen Sie die Konstruktionsführung *Anzahl der Zähne* (23). Aktivieren Sie auch hier die Option *Bewegung im Uhrzeigersinn* (24) und geben Sie für die Anzahl der Zähne den Wert *12* (25) ein. Wählen Sie die *Theoretische Zahnform* (26) und beenden Sie die Bearbeitung des Zahnrades mit OK *OK*. Wechseln Sie im Anschluss daran ins Register f_Θ Berechnung *Berechnung*, starten Sie die Berechnen *Berechnung* und bestätigen Sie die Eingaben abschließend mit OK *OK*. Die Baugruppe sollte jetzt *gespeichert* werden.

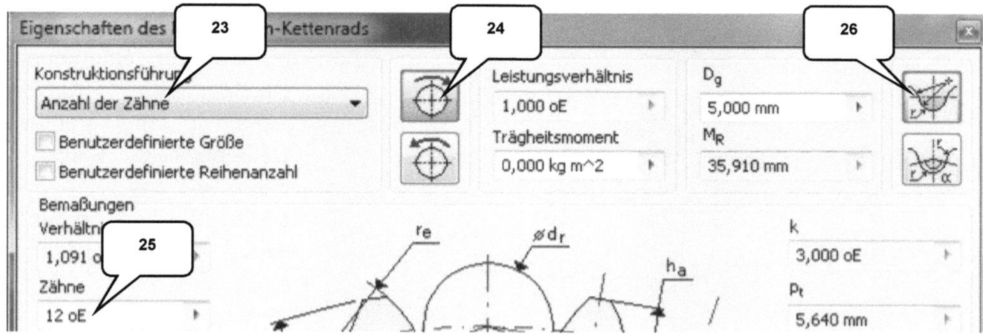

8.1.3 Kettenantrieb mit Bewegungsabhängigkeiten versehen

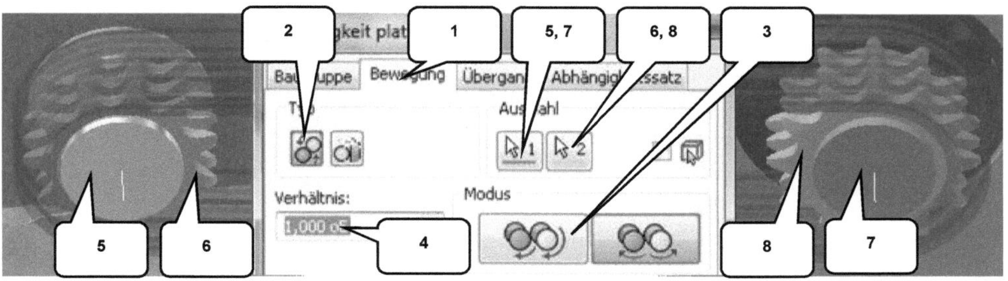

Auch Kettenantriebe werden vom Programm nicht automatisch als flexible Baugruppen erzeugt, was später korrigiert werden muss. Markieren Sie den Kettenantrieb und aktivieren Sie im Kontextmenü der **rechten Maustaste** die Option 🔲 **Flexibel**.

Um den Antrieb der Rollenkette zu gewährleisten und die Kupplung mit dem Getriebe verbinden zu können, muss auch hier eine Bewegungsabhängigkeit erzeugt werden. Starten Sie den Befehl 🔳 Abhängig machen und öffnen Sie das Register **Bewegung** (1). Aktivieren Sie den Typ 🔲 **Drehung** (2), den Modus ∞ **Vorwärts** (3), das Übersetzungsverhältnis **1:1** (4) und erzeugen Sie eine Bewegungsabhängigkeit zwischen der Kurbelwelle (5) und dem darauf angeordneten Kettenrad (6). Wiederholen Sie den Befehl und erzeugen Sie eine weitere Bewegungsabhängigkeit zwischen der Kupplung (7) und dem darauf angeordneten Kettenrad (8). Weder der Kurbeltrieb noch das Getriebe dürften sich jetzt noch per Hand drehen lassen. Der Grund dafür ist eine Winkelabhängigkeit der Nockenwelle.

8.1.4 Animation des gesamten Bewegungsapparates

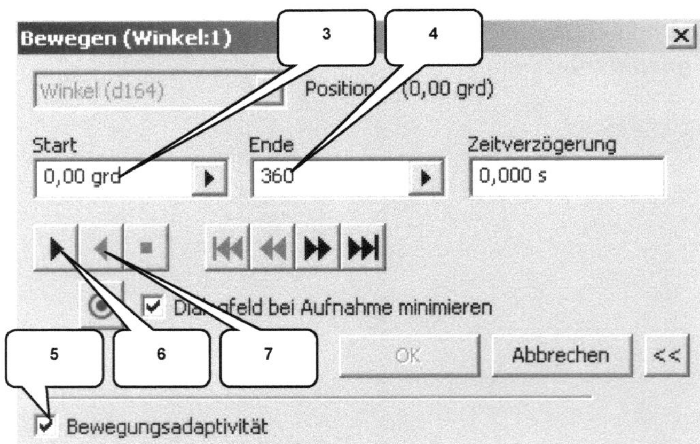

Diese Winkelabhängigkeit eröffnet uns allerdings eine andere Möglichkeit, denn der gesamte Mechanismus der Baugruppe (Nockenwelle, Kurbelwelle, Kolben, Ventile, Getriebewellen, Stirnradpaare und das Kegelradgetriebe) kann anhand dieser Anhängigkeit animiert werden.

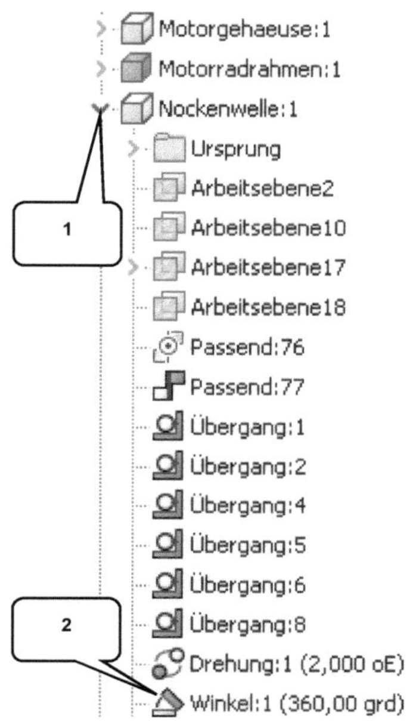

Erweitern Sie im Browser das Bauteil **Nockenwelle.ipt** (1) und klicken Sie mit der **rechten Maustaste** auf die enthaltene **Winkelabhängigkeit** (2), um im Kontextmenü die Option **Bewegen** zu aktivieren.

Im jetzt geöffneten Eingabefenster sollen Startwinkel (**0°**) (3) und Endwinkel (**360°**) (4) eingetragen und die Option **Bewegungsadaptivität** (5) aktiviert werden. Die Animation kann jetzt mit ▶ **Vorwärts** (6) oder ◀ **Rückwärts** (7) gestartet werden.

Der gesamte Mechanismus sollte sich jetzt bewegen[19].

War die Animation erfolgreich, so kann der Befehl anschließend wieder beendet und die Baugruppe danach **gespeichert** werden.

8.1.5 Konstruktion der Rollenkette für die Gangschaltung

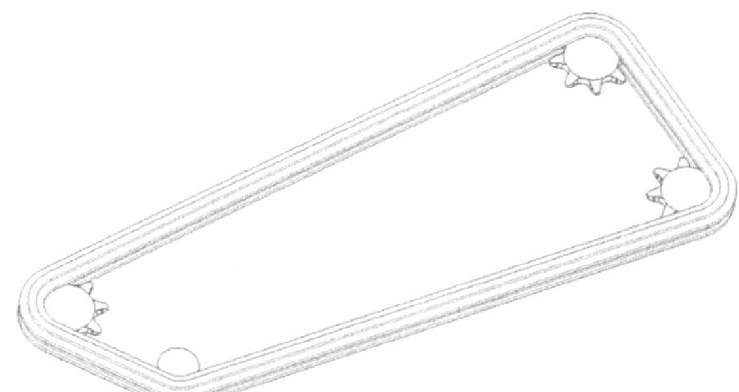

Die Konstruktion der **Rollenkette** für die Gangschaltung ist etwas komplexer: Obwohl sie weitaus filigraner zu konstruieren ist, müssen hier - im Gegensatz zur Antriebskette - vier statt zwei Kettenräder verwendet werden. Denn die Kette muss durch die Hohlwelle und durch das Getriebe geführt werden können, ohne dabei mit den anderen Komponenten (z. B. den Zahnrädern) zu kollidieren.

---

[19] Leider gibt es bei Animationen derart komplexer Systeme oftmals **Probleme** und der Bewegungsablauf wird mit einer Fehlermeldung gestoppt. In diesem Fall sollten insbesondere die **Übergangsabhängigkeiten** zwischen den Ventilen und der Nockenwelle überprüft und gegebenenfalls temporär unterdrückt werden.

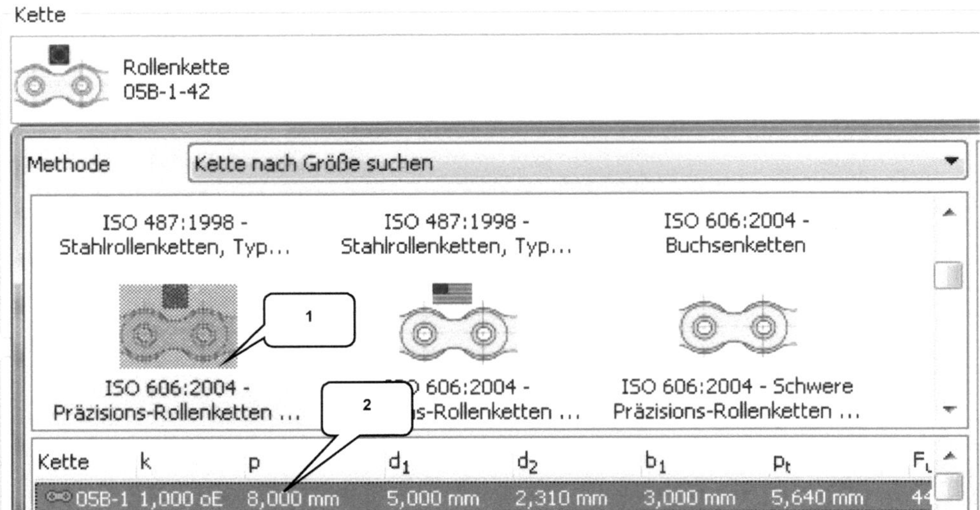

Starten Sie den 🔗 **Rollenketten-Generator** und wählen Sie den ⚙ **Kettentyp ISO 606:2004 – Präzisions-Rollenketten mit kurzer Teilung (EU)** (1). Aktivieren Sie in der darunterliegenden Tabelle (erste Zeile) den Typ **05B-1** (2) und ☑ **beenden** Sie die Eingaben im Anschluss daran.

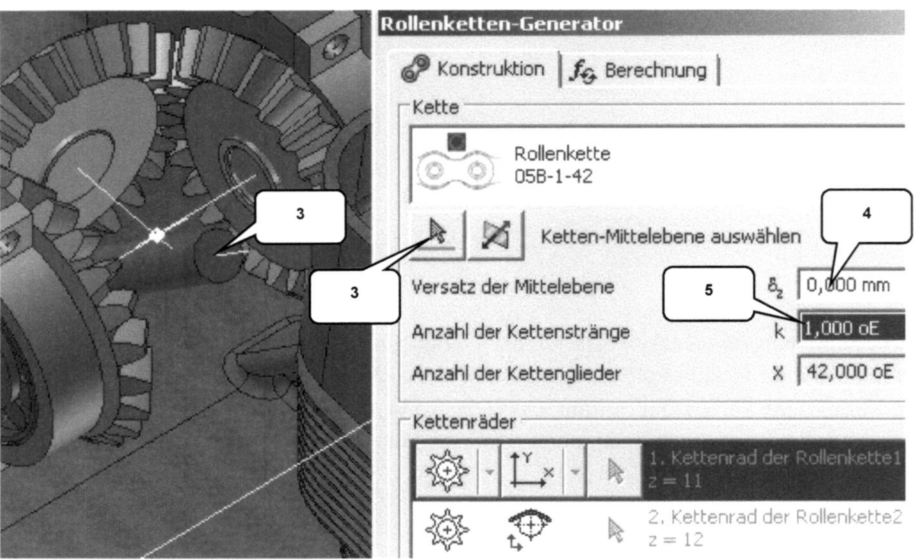

Als ↘ *Ketten-Mittelebene* ist die markierte Stirnfläche des Zylinders im Getrieberaum (3) zu verwenden. Der *Versatz der Mittelebene* soll *0 mm* (4) und die *Anzahl der Kettenstränge 1* betragen (5). Zwei Kettenräder sollten bereits voreingestellt sein. Aktivieren Sie die Option *Zum Hinzufügen eines Kettenrades klicken...* (6), um ein drittes *vorhandenes Kettenrad der Rollenkette* (7) zu erstellen. Mit einem erneuten Klick auf diese Schaltfläche soll außerdem eine *flache Spannrolle* (8) hinzugefügt werden. Wurden alle Schritte erledigt, müssten jetzt insgesamt drei Kettenräder plus Spannrolle zu sehen sein (9).

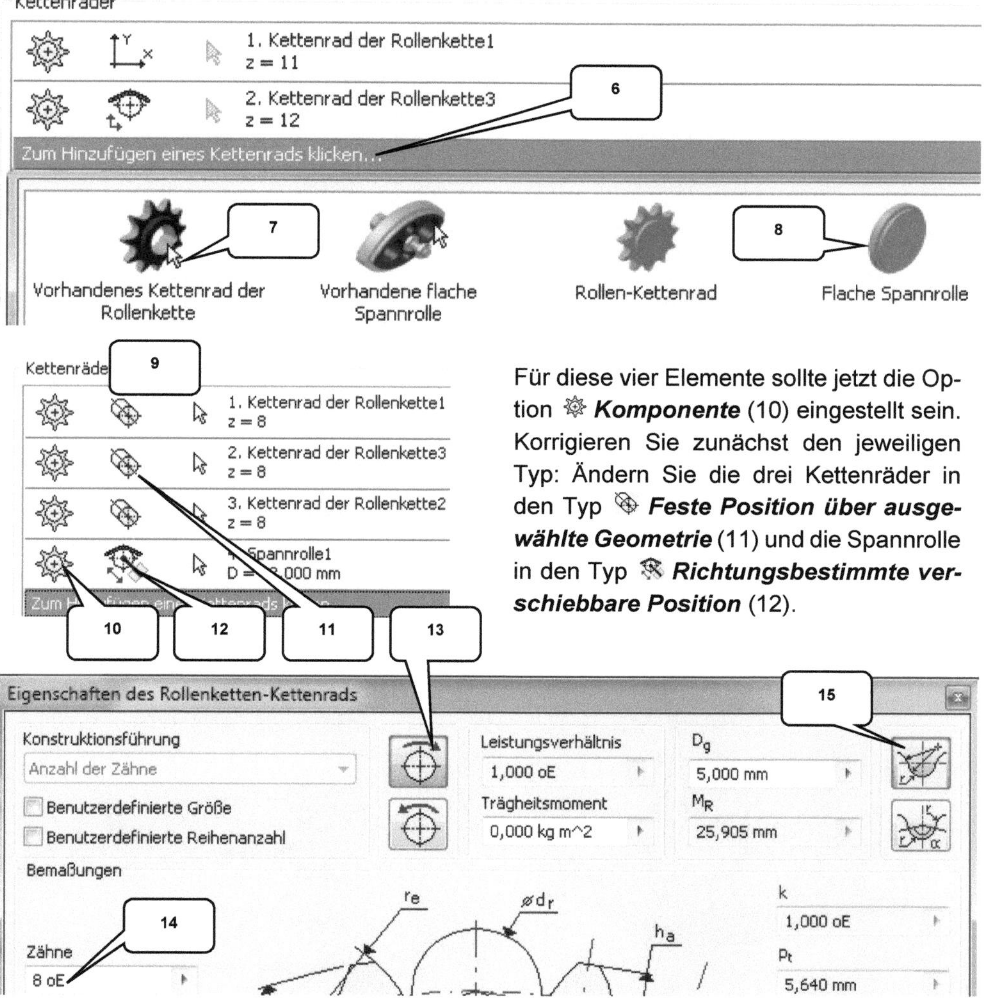

Für diese vier Elemente sollte jetzt die Option ⚙ *Komponente* (10) eingestellt sein. Korrigieren Sie zunächst den jeweiligen Typ: Ändern Sie die drei Kettenräder in den Typ ⚙ *Feste Position über ausgewählte Geometrie* (11) und die Spannrolle in den Typ ⚙ *Richtungsbestimmte verschiebbare Position* (12).

Beginnen Sie mit der ⸬ **Bearbeitung** des ersten Kettenrades und aktivieren Sie die Option **Bewegung im Uhrzeigersinn** (13). Geben Sie für die Anzahl der Zähne den Wert **8** (14) ein und aktivieren Sie die **Theoretische Zahnform** (15). ⸬OK⸬ **OK** bestätigt die Eingaben und beendet den Befehl. Bearbeiten Sie jetzt die beiden anderen Kettenräder, wobei alle Einstellungen des ersten Kettenrades übernommen werden können.

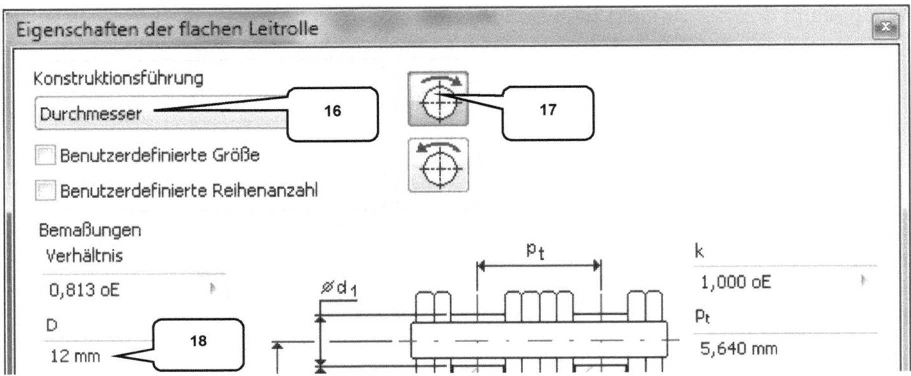

Im Anschluss daran ist die ⸬ **Bearbeitung** der flachen Spannrolle zu starten. Ändern Sie die Konstruktionsführung auf **Durchmesser** (16), die Bewegung auf **Im Uhrzeigersinn** (17) und den **Durchmesser** auf **12 mm** (18).

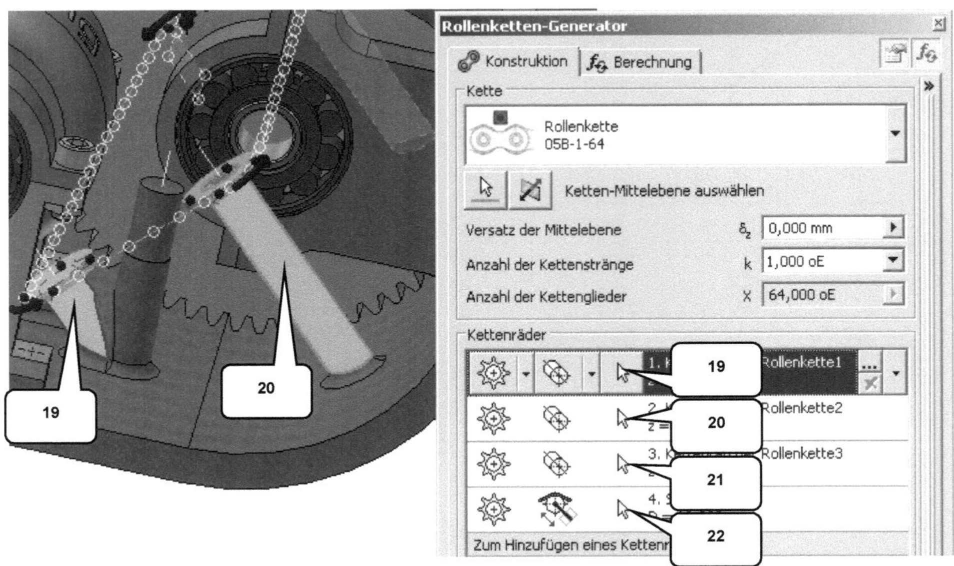

Als ⌕ *Referenzen* für die beiden ersten Kettenräder sind die markierten zylindrischen Flächen des Motorgehäuses (19, 20) auf der Kupplungsseite der zu verwenden. Als ⌕ *Referenz* für das dritte Kettenrad ist die markierte zylindrische Fläche (21) des Motorgehäuses auf der Seite der Kegelräder zu aktivieren. Als ⌕ *Referenz* für die Spannrolle ist die markierte Ebene (22) auf derselben Seite des Motorgehäuses zu verwenden[20].

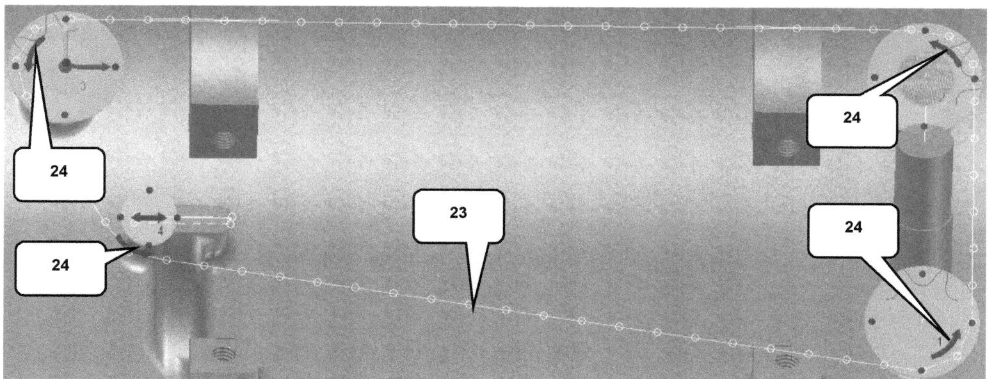

Kettenräder und Spannrolle wurden positioniert und jetzt sollte der Kettenverlauf (23) kontrolliert werden: Die Kette darf nicht verdreht sein und muss außen über die Kettenräder und die Spannrolle geführt werden (siehe obere Abbildung). Sollte die Kette an einer Stelle verdreht angeordnet sein, ist dies zu korrigieren. In diesem Fall ist auf einen der markierten ⟋ *gebogenen Pfeile* (24) zu klicken, um die Richtung der Kette zu korrigieren.

Wechseln Sie anschließend ins Register f_6 Berechnung *Berechnung* und starten Sie die ⟦ Berechnen ⟧ *Berechnung*. Der Befehl kann jetzt mit ⟦ OK ⟧ *OK* bestätigt werden.

Der neue Kettenantrieb muss jetzt u. U. noch als ⊞ *Flexibel* deklariert werden (*rechte Maustaste > Flexibel*) und die gesamte Baugruppe ist zu *speichern*.

---

[20] Die Auswahl der Ebene (22) als Referenzobjekt der Spannrolle ist zwingend notwendig, um die Berechnung der benötigten Kettenlänge zu ermöglichen. Das Programm kann die genaue Anzahl der Kettenglieder erst durch die individuelle Möglichkeit der Korrektur des Verlaufes der Kette berechnen.

8.1.6 Kettenschaltung mit Schalthebel und Kegelradpaar versehen

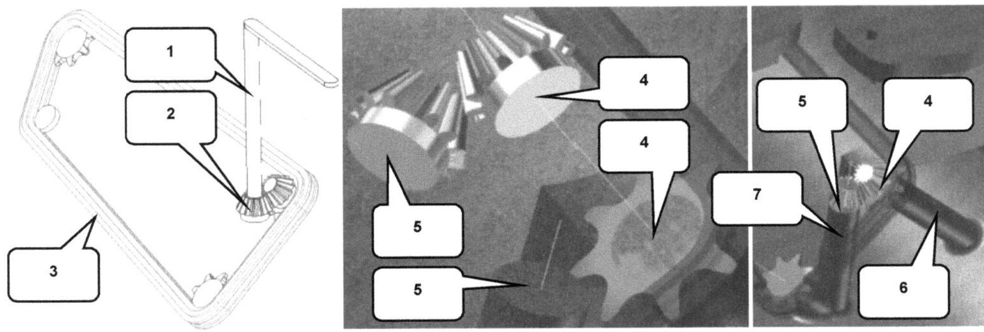

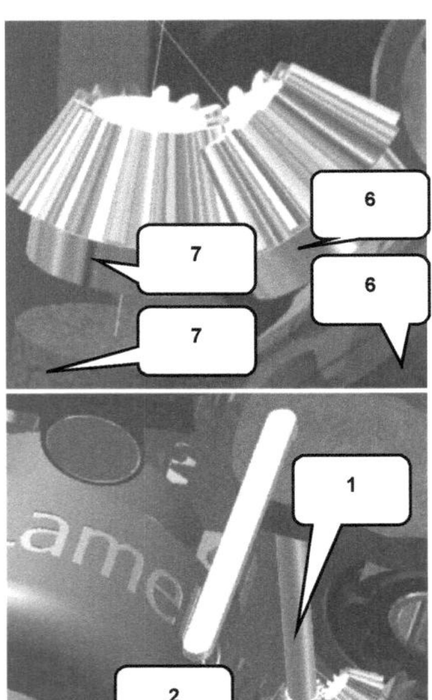

Um die Kette schalten zu können soll ein Schalthebel (1) in die Baugruppe importiert und positioniert werden. Er wird bei Betätigung die Drehbewegung über ein Kegelradgetriebe (2) an die Rollenkette (3) der Gangschaltung weiterleiten.

Platzieren Sie das Bauteil *Ganghebel.ipt* aus dem Projektordner einmal und das Bauteil *Gangschaltung-Kegelrad.ipt* insgesamt zweimal in der Baugruppe.

Verbinden Sie die beiden Kegelräder mit dem Motorgehäuse. Setzen Sie zwei Abhängigkeiten (**Abhängig machen**), um die Flächen (4) und (5) der Kegelräder mit den zugehörigen Flächen des Motorgehäuses zu verbinden.

Platzieren Sie weiterhin zwei axiale Abhängigkeiten, um die Achsen der Kegelräder (6, 7) mit den zugehörigen Achsen des Motorgehäuses zu verbinden.

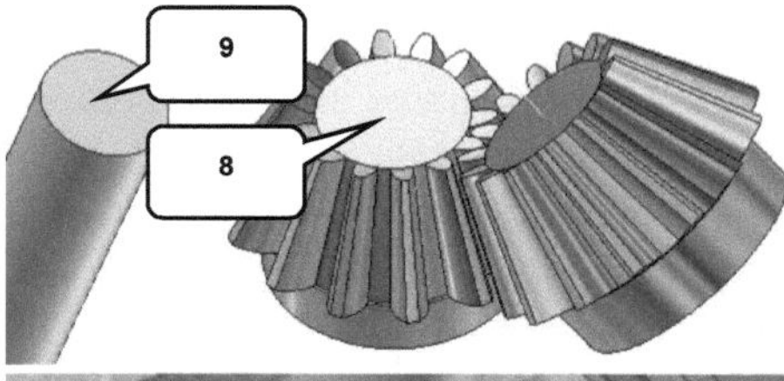

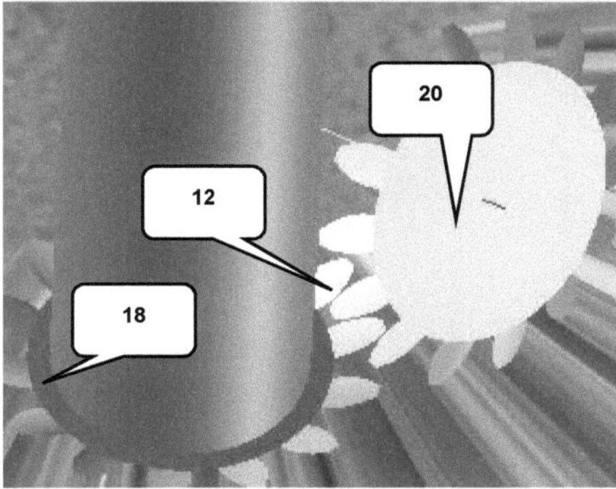

Im Anschluss daran sollen Ganghebel (1) und Kegelrad (2) miteinander verbunden werden. Setzen Sie eine Abhängigkeit, um die Stirnfläche des Kegelrades (8) mit der markierten Fläche des Ganghebels (9) zu verbinden und setzen Sie eine weitere Abhängigkeit, um die Längsachse des Ganghebels (10) mit der Rotationsachse des Kegelrades (11) zu verbinden.

Sobald der Ganghebel an der vorgesehenen Position befestigt wurde, sind die beiden Kegelräder so zu drehen (geschätztes Augenmaß), dass ihre Zähne kollisionsfrei ineinandergreifen (12).

Um die zuletzt platzierten Komponenten auch in ihrer Bewegung voneinander abhängig machen zu können, sind drei weitere Bewegungsabhängigkeiten zu erzeugen. Die erste soll den Ganghebel und das Kegelrad miteinander verbinden, wobei die folgenden Einstellungen zu verwenden sind: Register **Bewegung** (13), Typ **Drehung** (14), Modus **Vorwärts** (15), **Verhältnis** 1:1 (16), **Auswahl 1**: Fläche Ganghebel (17) und **Auswahl 2**: Fläche Kegelrad (18).

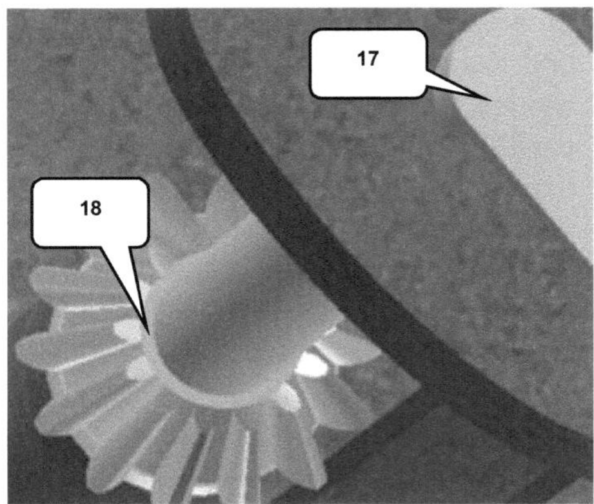

Die zweite Bewegungsabhängigkeit wird die beiden Kegelräder miteinander verbinden. Übernehmen Sie dafür die folgenden Einstellungen: Register *Bewegung* (13), Typ *Drehung* (14), Modus *Rückwärts* (19), *Verhältnis* 1:1 (16), *Auswahl 1*: Fläche Kegelrad (18) und *Auswahl 2*: Fläche Kegelrad (20).

Die dritte Bewegungsabhängigkeit soll Kegelrad und Kettenrad verbinden, wobei die folgenden Einstellungen:

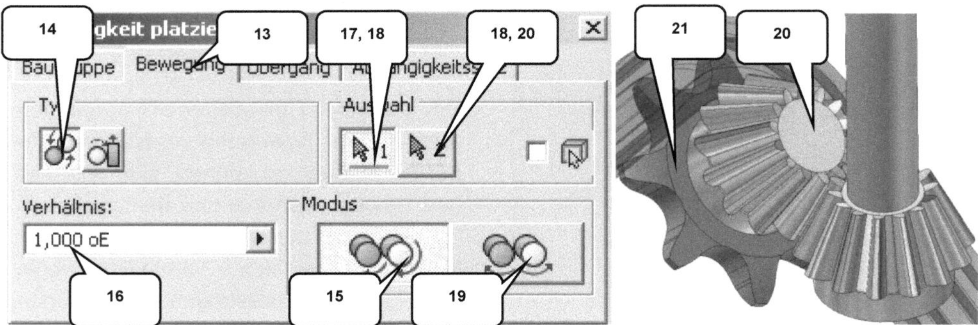

Register: *Bewegung* (13), Typ: *Drehung* (14), Modus: *Vorwärts* (15), *Verhältnis*: 1:1 (16), *Auswahl 1*: Fläche Kegelrad (20) und *Auswahl 2*: Fläche Kettenrad (21). Eine Drehung des Ganghebels per Hand sollte jetzt auch eine Bewegung der Kegel- und Kettenräder bewirken. *Speichern* Sie die Baugruppe abschließend.

9 Keilwellenverbindungen

9.1 Konstruktion einer Keilwellenverbindung

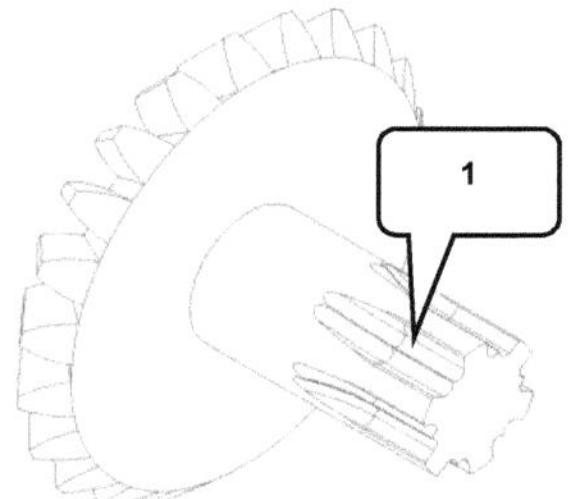

Um Drehmomente von einer Welle auf eine Nabe übertragen zu können, müssen beide Bauteile kraft- oder formschlüssig miteinander verbunden werden. Sind die zu erwartenden Momente groß, oder werden schlagende Bewegungen erwartet, finden oftmals *Keilwellenverbindungen* Anwendung (1). Welle und Nabe werden dabei formschlüssig aneinander angepasst.

9.1.1 Befehlsgrundlagen KEILWELLEN-GENERATOR

Der 🔧 Keilwellen-Generator (1) ermöglicht die konstruktive Bearbeitung von Welle-Nabe-Verbindungen durch Hinzufügen einer Keilwellen-Verbindung. Die Bearbeitung einzelner Elemente (nur Welle oder nur Nabe) ist ebenfalls möglich.

9.1.1.1 Register KONSTRUKTION

INHALT

Im Register *Konstruktion* wird der Keilwellen-Typ festgelegt, die geometrischen Abmessungen definiert und Referenzen definiert.

OPTIONEN

1) Register: Konstruktion/ Berechnung
2) Keilwellentyp
3) Keilwellen-Maße
4) Referenzen für Welle

5) Referenzen für Nabe
6) Welle und Nabe oder einzeln
7) Dateibenennung/ Berechnung aktivieren/ deaktivieren

9.1.1.2   Register BERECHNUNG

I N H A L T

Das Register **Berechnung** ermöglicht die Auswahl der Festigkeitsberechnung, eine Definition der Belastungen, Bemaßungen, Verbindungseigenschaften und Materialien von Welle und Nabe.

O P T I O N E N

---

1)	Register: Konstruktion/ Berechnung	5)	Verbindungseigenschaften
2)	Typ der Festigkeitsberechnung	6)	Wellenmaterial
3)	Belastungen	7)	Nabenmaterial
4)	Bemaßungen	8)	Berechnungsergebnisse

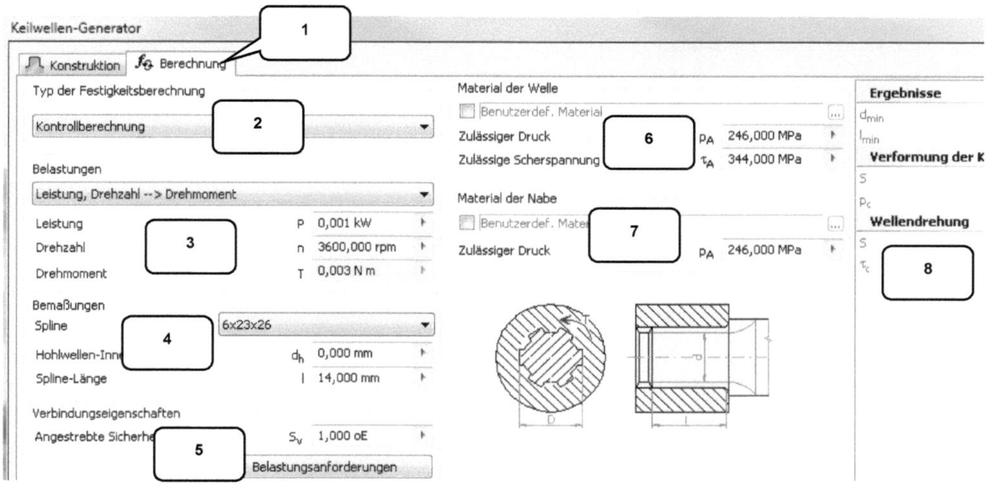

9.1.2 Erzeugen einer Keilwellenverbindung an der Getriebeausgangswelle

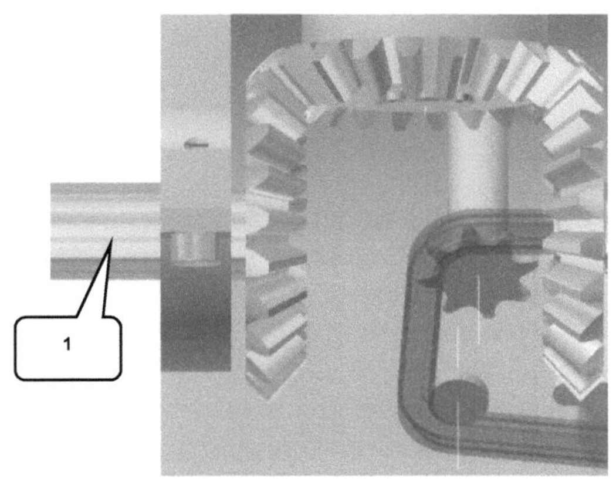

Das Bauteil **Kegelrad.ipt** besitzt an der Rückseite einen kurzen Wellenabschnitt (1). Er soll den Kraftfluss aus dem Getriebe heraus leiten und dann weiter (z. B. über eine Antriebskette) zum Antrieb des Fahrzeugs geleitet werden.

In der folgenden Übung soll dieser Wellenabschnitt mit einer Keilwellenverbindung versehen werden.

Starten Sie den ⬚ Keilwellen-Generator, klicken Sie auf den **Spline-Typ** (2), wählen Sie die Norm **DIN** und aktivieren Sie die **DIN 5463**.

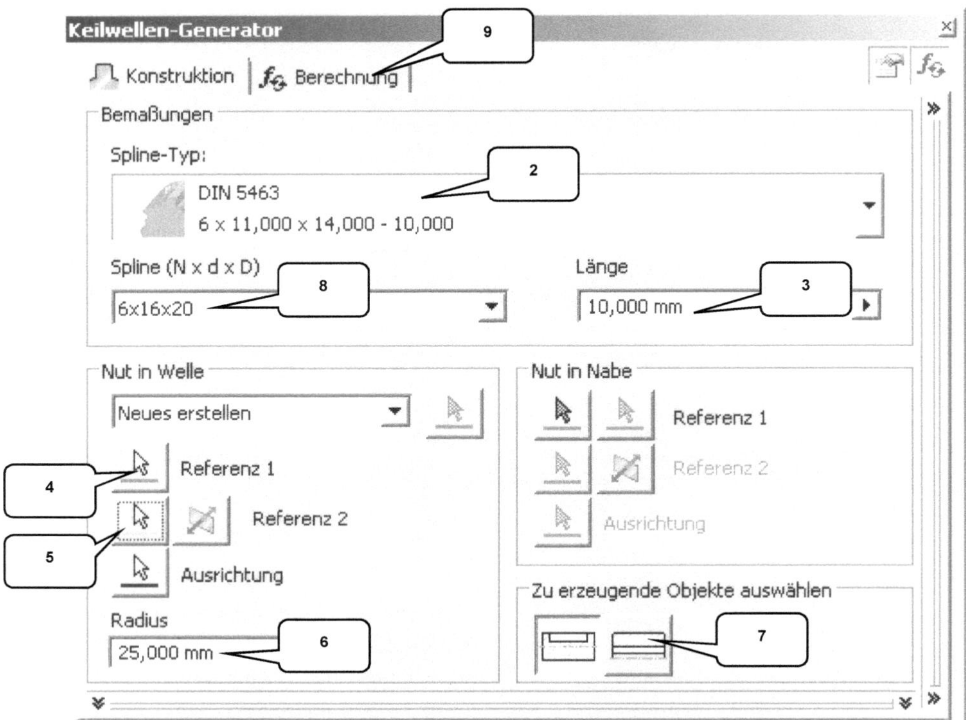

Die Länge der Nut ist mit **10 mm** (3) festzulegen, als ⌖ **Referenz 1** ist die Zylinderfläche des Kegelrades (4) zu wählen und als ⌖ **Referenz 2** die Stirnfläche der Welle (5).

Übernehmen Sie den vorgegebenen Radius **25 mm** (6) und <u>deaktivieren</u> Sie die Option **Nut in Nabe** (7). Im Feld **Spline** sollte jetzt die Größe **6x16x20** (8) aktiviert werden. Wechseln Sie ins Register **Berechnung** (9) und starten Sie die Berechnen **Berechnung**. Bestätigen Sie die Eingaben im Befehlsfenster mit OK **OK** und bestätigen Sie auch das Fenster **Dateibenennung** mit OK **OK**. Die Baugruppe ist danach zu **speichern**.

10 Gestellgenerator

10.1 Der Motorradrahmen

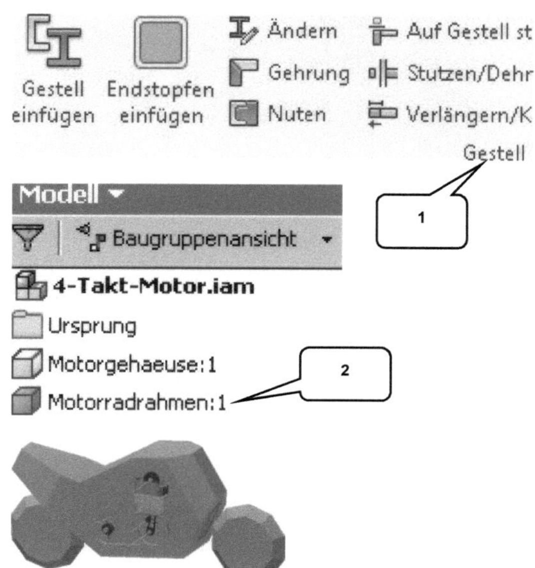

Für Rahmen- und Profilkonstruktionen hält das Programm die Befehlsgruppe **Gestell** (1) bereit. Anhand vorhandener Referenzobjekte (Linien, Punkte oder Kanten) können damit komplexe Rahmengestelle konstruiert werden. Das Programm greift hierbei auf Profile aus dem Inhaltscenter zurück. Jedes Profil wird als separates Bauteil erstellt und kann anschließend weiter bearbeitet oder als Zeichnung abgeleitet werden.

Klicken Sie im Browser mit der rechten Maustaste auf das Bauteil **Motorradrahmen.ipt** (2) und aktivieren Sie dessen Sichtbarkeit (Option: **Sichtbarkeit**). Der darin befindliche Volumenkörper soll als Referenz zur Konstruktion des Gestells dienen.

10.1.1 Befehlsgrundlagen GESTELL-GENERATOR

Mit dem Gestell-Generator (1) können Profilelemente aus dem Inhaltscenter in die Baugruppe importiert werden. Als Referenzen dienen wahlweise Linien, Punkte, Ecken oder Körperkanten.

OPTIONEN

1) Profilelement für Gestell wählen

2) Ausrichtung des Profils

3) Referenztyp (Punkte/ Kanten) und Auswahl der Referenzen

4) Dateinummer und Bauteilname automatisch aus dem Inhaltscenter abrufen

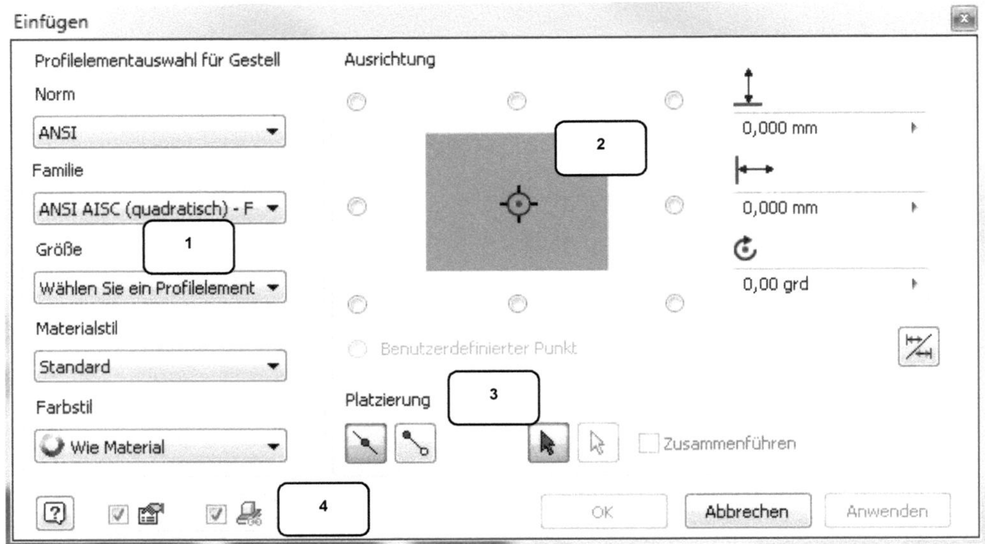

10.1.2 Motorradrahmen und Räder als Gestell erzeugen

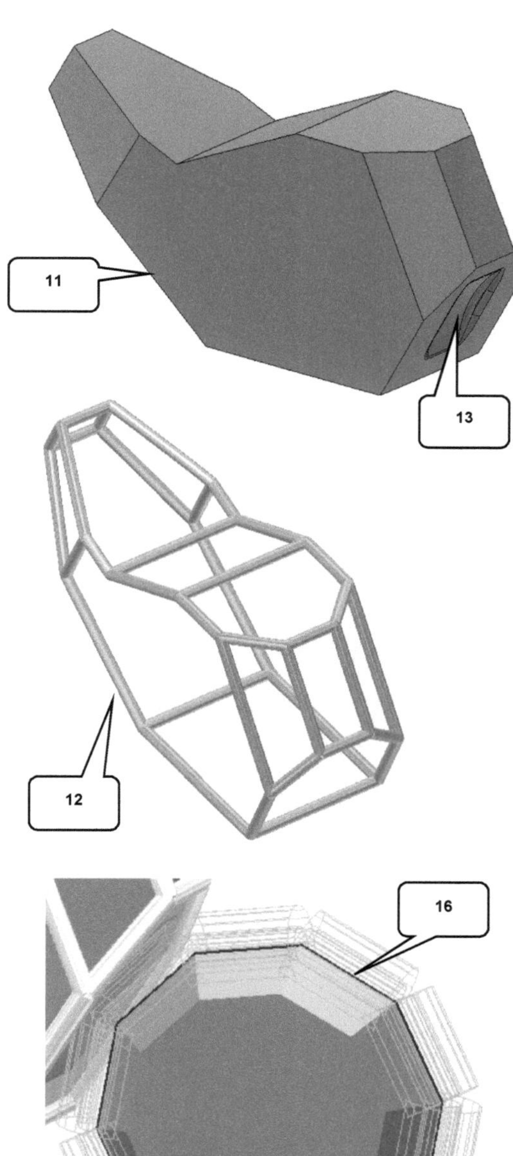

Wählen Sie im Gestell-Generator die Norm *DIN* (1), die Familie *DIN 2448 - Rohr* (2), die Größe *21,3 x 2* (3), das Material *Aluminium 6061* (4) und die Farbe *Aluminium poliert* (5). Aktivieren Sie die vier Kästchen (6...9) und aktivieren Sie den Platzierungstyp *Profilelemente auf Kante einfügen* (10).

Wählen Sie jetzt nacheinander die ᐠ *Referenzkanten* des mittleren Volumenkörpers (11), bis alle Kanten mit einem Rohr versehen wurden (siehe Abbildung (12)). Die Aussparungen (13) sind <u>nicht</u> zu verwenden.

Sobald alle Kanten markiert wurden, bei Ihnen mit der nebenstehenden Abbildung übereinstimmen (der Volumenkörper wurde hier ausgeblendet), kann eine erste Berechnung des Rahmenmodells durch Anwenden *Anwenden* gestartet werden.

Sobald die sich daraufhin öffnenden Fenster durch OK *OK* bestätigt wurden, startet das Programm mit der Berechnung, was einige Zeit in Anspruch nehmen kann.

Wurde das Gestell vollständig berechnet, kann mit der Konstruktion der Räder begonnen werden. Übernehmen Sie alle Einstellungen aus Abbildung (14) (auf die geänderte *Größe 76,1 x 20* (15) achten) und wählen Sie als ᐠ *Referenzkanten* nacheinander die Außenkanten von Vorder- und Hinterrad (16). Bestätigen Sie abschließend mit OK *OK*.

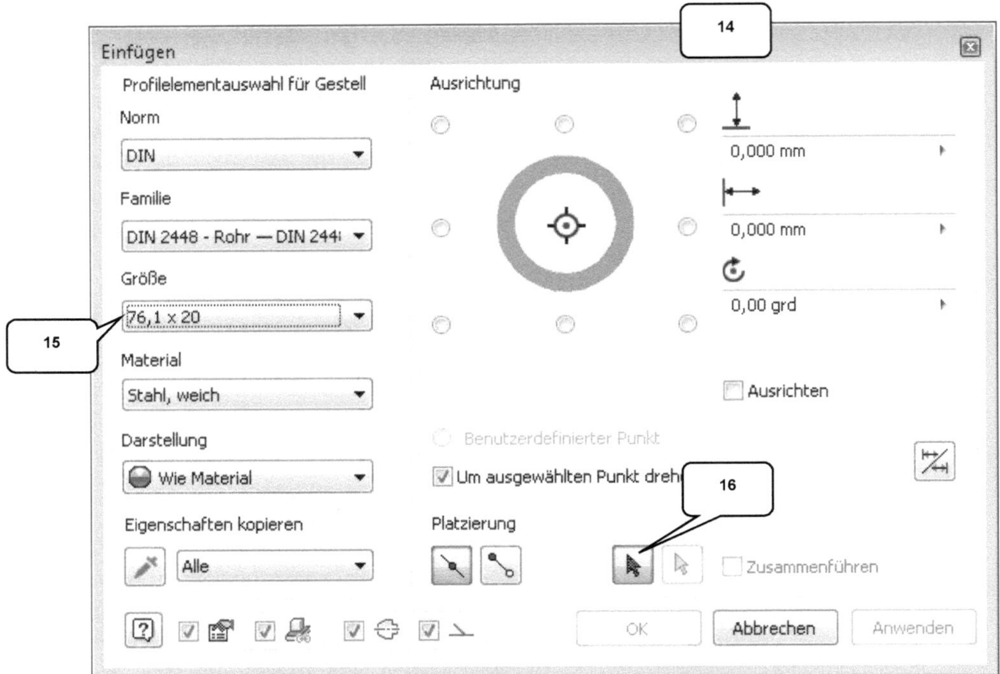

Verlassen Sie kurzzeitig die Bearbeitung des Rahmens (**Zurück**), um das Bauteil **Motorradrahmen.ipt** wieder auszublenden (**rechte Maustaste** > **Sichtbarkeit**). Um zurück in den Bearbeitungsbereich des Rahmens zu gelangen (dieser wird als eigenständige Baugruppe erzeugt), doppelklicken Sie auf die Baugruppe **Frame0001.iam** im Browser. Die Baugruppe sollte jetzt erst einmal **gespeichert** werden.

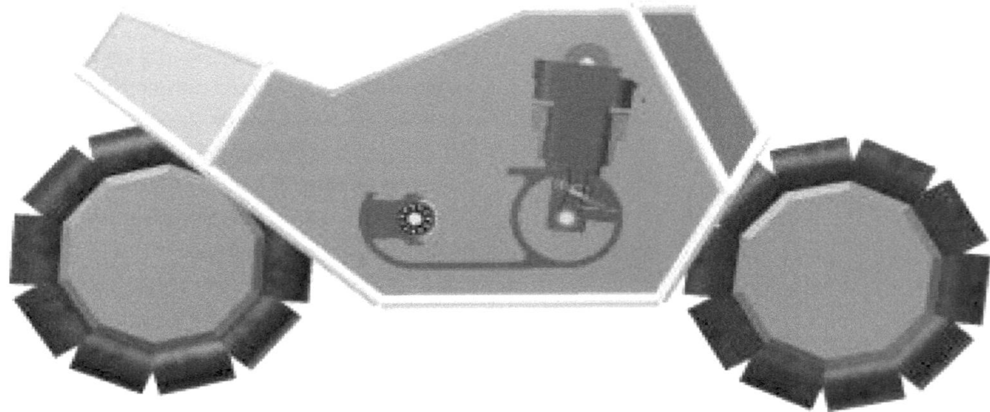

10.1.3 Befehlsgrundlagen GEHRUNG

Treffen Profile aus dem Gestell-Generator aufeinander (z. B. an deren Enden), können Sie z. B. mit dem Befehl ⌐ *Gehrung* (1) aneinander angepasst werden.

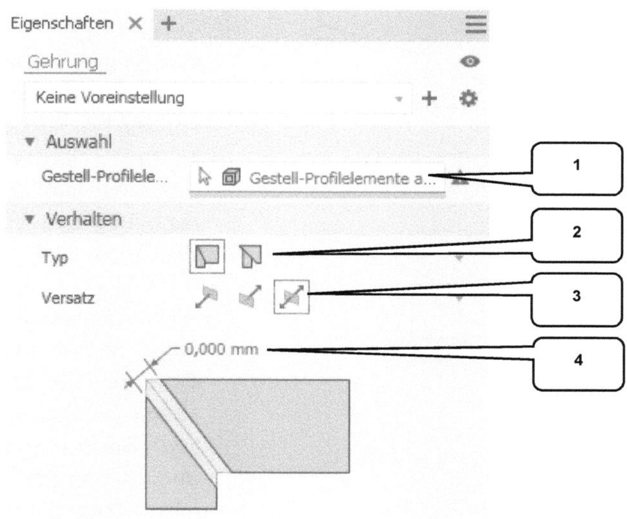

OPTIONEN

1) Profilelemente auswählen
2) Gehrungstyp (vollständig/ halb)

3) Gehrungsrichtung
4) Abstand (Gehrungslücke)

10.1.4 Rohrsegmente aneinander anpassen

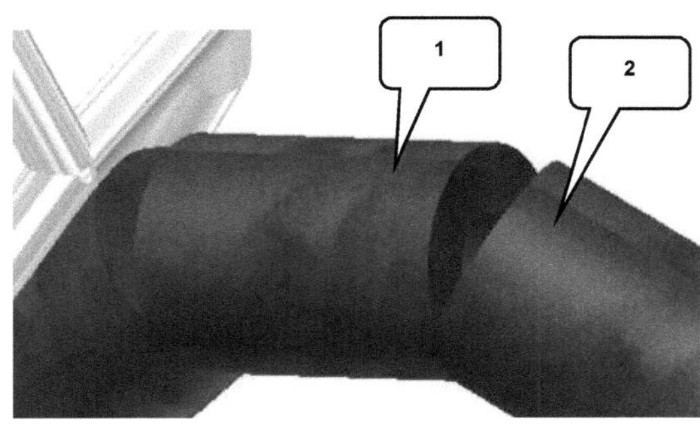

Im ersten Schritt sollen die Räder durch Gehrungen angepasst werden. Wählen Sie zunächst ein beliebiges *Rohrsegment* (1) und danach ein weiteres (2). Aktivieren Sie die Optionen *Vollständiger Gehrungsschnitt* (3) und *Symmetrisch* (4) und tragen Sie als Abstand den Wert *0 mm* ein (5).

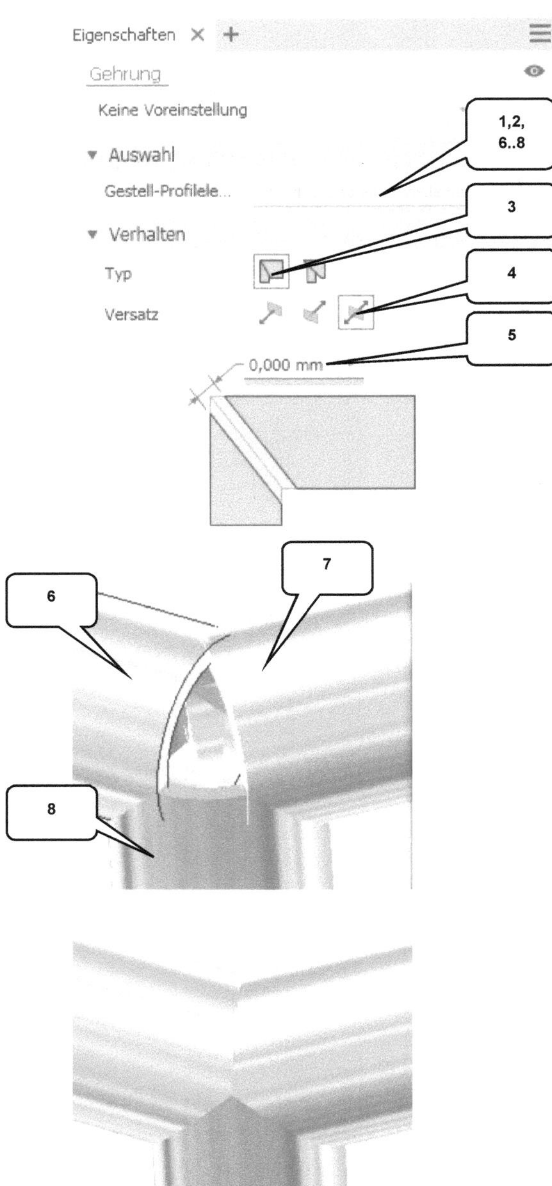

Bestätigen Sie die Auswahl durch + **An-wenden**. Das Programm errechnet den optimalen Zuschnitt und bearbeitet beide Rohrsegmente. Wiederholen Sie den Befehl an den restlichen Schnittstellen beider Räder. Wurden die restlichen Gehrungen erzeugt, kann auch der Motorradrahmen bearbeitet werden.

Weil beim Rahmen oftmals nicht nur zwei, sondern drei Profile aufeinandertreffen, müssen hier auch alle drei Rohrsegmente im Befehl ausgewählt werden. Ab der Programmversion 2019 ist das erstmals auch möglich (vorher musste der Befehl zweimal ausgeführt werden).

Wählen Sie an beliebiger Stelle des Rahmens nacheinander drei **Rohre einer Ecke** (6, 7, 8) aus, übernehmen Sie die oberen Einstellungen (3, 4, 5) und bestätigen Sie den Befehl durch + **Anwenden**. Führen Sie diesen Arbeitsschritt bei allen Ecken des Rahmens durch, bis der Rahmen vollständig bearbeitet wurde.

Der Bearbeitungsbereich der Baugruppe **Frame0001.iam** kann anschließend wieder der ◀ **verlassen** werden und die Baugruppe ist zu **speichern** und zu **schließen**.

11 Schlusswort

Der Autor des Buches hofft, dass Sie bei der Arbeit mit dem Programm und dem Übungsprojekt viel Spaß hatten. Der Inhalt des Buches wurde sorgfältig geprüft. Leider können Fehler nicht ausgeschlossen werden.

Wenn Ihnen während der Arbeit mit dem Buch Fehler auffallen sollten, oder wenn Sie Ideen zur Verbesserung des Inhaltes haben, ist Ihnen der Autor für jeden Hinweis per E-Mail dankbar. Konstruktive Anmerkungen können jederzeit an:

> ***schlieder@cad-trainings.de***

gesendet werden.

Vielen Dank.

Auszug aus dem Buch DYNAMISCHE SIMULATION

Die folgenden Seiten zeigen Auszüge aus dem Buch:

➢ *Autodesk® Inventor® - DYNAMISCHE SIMULATION*

Inventor® verfügt über einen Bereich der *Dynamischen Simulation*, in dem komplexe Baugruppen unter Einfluss äußerer Randbedingungen, wie Kräften und Drehmomenten, berechnet und simuliert werden können. Die Ergebnisse können dann zur weiteren Bearbeitung in den Bereich der Finiten-Elemente-Methode übertragen werden. In einem komplexen Übungsbeispiel wird der Leser theoretische Grundlagen der Befehle aus dem Bereich der Dynamischen Simulation erlernen und praktisch umsetzen.

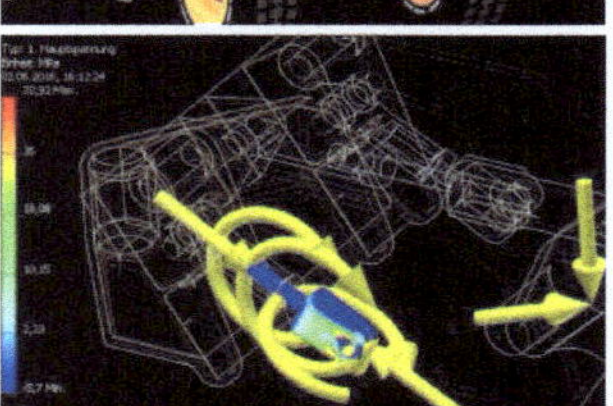

Im Buch werden die folgenden Bereiche behandelt:

➢ *Gelenkverbindungen einfügen*
➢ *Abhängigkeiten in Gelenke konvertieren*
➢ *Status des Mechanismus überprüfen*
➢ *Kräfte und Drehmomente einfügen*
➢ *Dynamische Bewegungen*
➢ *Unbekannte Kräfte ermitteln*
➢ *Spuren darstellen*
➢ *Filme publizieren*
➢ *Simulationseinstellungen bearbeiten*
➢ *Das Eingabediagramm*
➢ *Das Ausgabediagramm*

Weitere Informationen zu diesem und anderen Büchern erhalten Sie auf der Website:

➢ *http://www.cad-trainings.de/*

Christian Schlieder

Autodesk® Inventor® 2021

DYNAMISCHE SIMULATION

6. Auflage

Viele praktische Übungen am Konstruktionsobjekt RADLADER

Mechanismen analysieren, Gelenke erstellen und ableiten, Kräfte und Drehmomente platzieren, unbekannte Kräfte ermitteln, Spurverläufe ableiten, manuelles und automatisches Simulieren, Interpretation der Berechnungsergebnisse, Bauteilverformungen animieren und publizieren, Datenexport in den FEM-Bereich

6 Die Baugruppe im Überblick

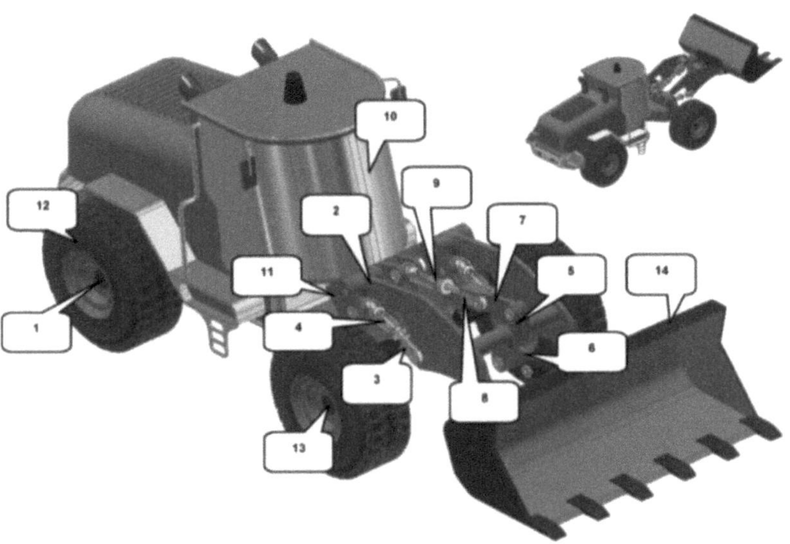

1) Hinterradachse	6) Kippschwinge	11) Maschinenrahmen
2) Hubrahmen	7) Kippzylinder-Fixierung	12) Rad
3) Hubzylinder-Kolben	8) Kippzylinder-Kolben	13) Radbolzen
4) Hubzylinder-Zylinder	9) Kippzylinder-Zylinder	14) Schaufel
5) Kipphebel	10) Maschinengehäuse	

7 Die Umgebung der dynamischen Simulation

7.1 Öffnen der Unterbaugruppe UBG_1

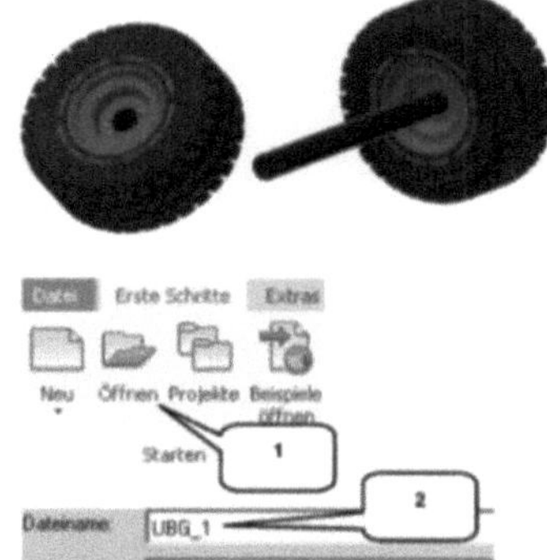

Öffnen Sie die Unterbaugruppe **UBG_1** im Projektordner:

📂 Öffnen (1)
- ➤ Order: Projektordner wählen
- ➤ Dateiname: UBG_1 (2)
- ➤ Dateityp: *.iam
- ➤ Öffnen | **Öffnen**

Die Unterbaugruppe **UBG_1** besteht aus der Hinterradachse und den beiden Hinterrädern. Die Hinterradachse wurde bereits am Koordinatenursprung der Unterbaugruppe ausgerichtet und fixiert (3). Eines der Räder wurde ebenfalls bereits befestigt: Es ist mit einer axialen Abhängigkeit zur Achse (4) sowie einer Flächenabhängigkeit zu dieser (5) positioniert worden. Das zweite Rad besitzt noch alle Freiheitsgrade und soll erst später ausgerichtet werden (6).

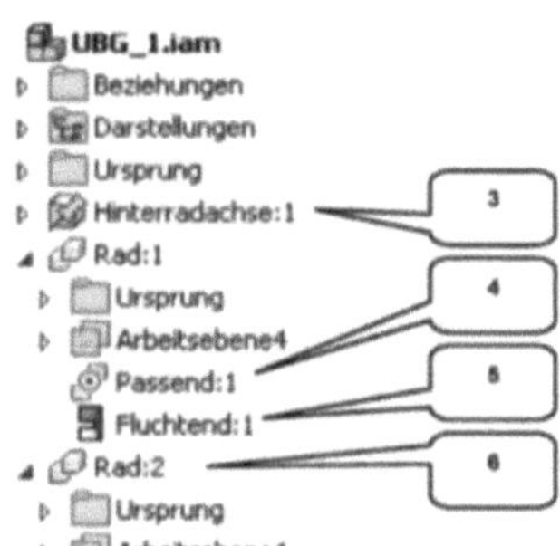

Die aktuelle Konstellation an vorhandenen Abhängigkeiten und Freiheitsgraden soll jetzt im Bereich der dynamischen Simulation genauer untersucht werden.

Freiheitsgrad-Analyse		
Freiheitsgrade		Liste aktualisi
Komponenten	Translation	Drehung
Hinterradachse:1	0	0
Rad:1	0	1
Rad:2	3	3

7.2   In den Bereich der dynamischen Simulation wechseln

Arbeitsbereich:
Dynamische Simulation

Um in den Bereich der dynamischen Simulation wechseln zu können, muss das Register **Umgebungen** aktiviert und der Befehl **Dynamische Simulation** gestartet werden.

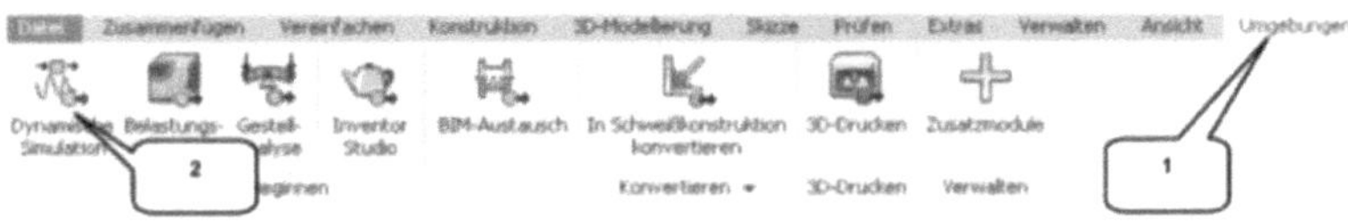

> ➢ Register **Umgebungen** (1)
> ➢ **Dynamische Simulation** (2)

7.3   Grundlegender Aufbau des Simulationsbereiches
7.3.1   Das Lernprogramm

Das Programm wird jetzt ein Hinweisfenster öffnen, in dem die Entscheidung zu treffen ist, ob das **Lernprogramm** gestartet werden soll.

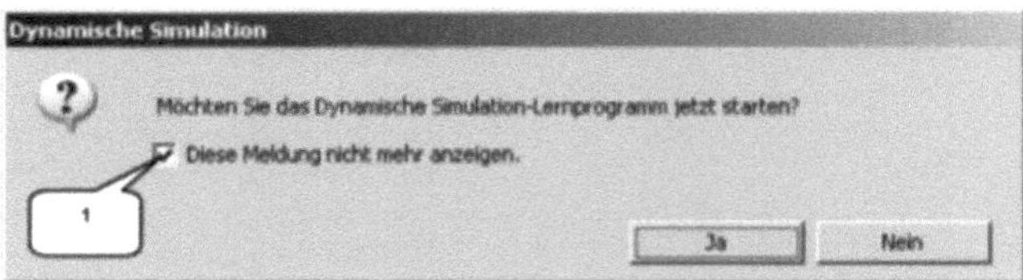

> ➢ Aktivieren: Diese Meldung nicht mehr anzeigen. (1)
> ➢ **Ja**

Besteht eine Internetverbindung, so sollte sich der Web-Browser jetzt öffnen.

HINWEIS: Wurde die Option (1) bereits deaktiviert, den Start des Lernprogramms automatisch anzubieten, so wird das oben dargestellte Fenster nicht mehr generiert. Das Lernprogramm kann aber in der Programmhilfe jederzeit wieder gestartet werden (Taste: **F1**).

- Grundlegender Aufbau des Simulationsbereiches -

Hilfe-Startseite

AUTODESK® INVENTOR®

Neu in Inventor

Erste Schritte - Videos

Erste Schritte

Lernprogramme

    Erste Schritte - Übungslektionen

    Lernprogrammarchiv

Inventor-Hilfe - Themen

Installation von Inventor

Grundlagen der Installation

Administratorhandbuch für die Installation

Lernprogrammarchiv

Zusätzlich zu den Lernprogrammen in der C

Wichtig: Die archivierten Lernprogramme
Verknüpfungen zuzugreifen:
Die Datensätze für die älteren Lernprogram

Anmerkung: Diese Links verweisen auf di

Lernprogramme für Autodesk Inventor

Werkzeug-Lernprogramme

Kabel- und Kabelbaum-Lernprogramme

Lernprogramme für Rohre und Leitungen

> ***Lernprogramme*** erweitern (2)
> ***Lernprogrammarchiv*** wählen (3)

Im rechten Bereich des Befehlsfensters befindet sich eine Auflistung (4) der verfügbaren Lernprogramme. Per Mausklick gelangen Sie in die jeweiligen Bereiche.

HINWEIS: Das Archiv verweist teilweise auf die Beschreibungen älterer Programmversionen. Es besteht also die Möglichkeit, dass einige der verwendeten Befehle nicht mehr aktuell sind.

> Der Web-Browser kann wieder ***geschlossen*** werden

7.3.2   Die Befehlsgruppen

Zuerst sollten die ***Befehlsgruppen*** auf Vollständigkeit kontrolliert werden:

> ***Rechte Maustaste*** auf einen beliebigen Bereich in der Multifunktionsleiste (1)
> ***Gruppen anzeigen*** (2)
> Kontrollieren, ob alle Befehlsgruppen aktiviert wurden (3)

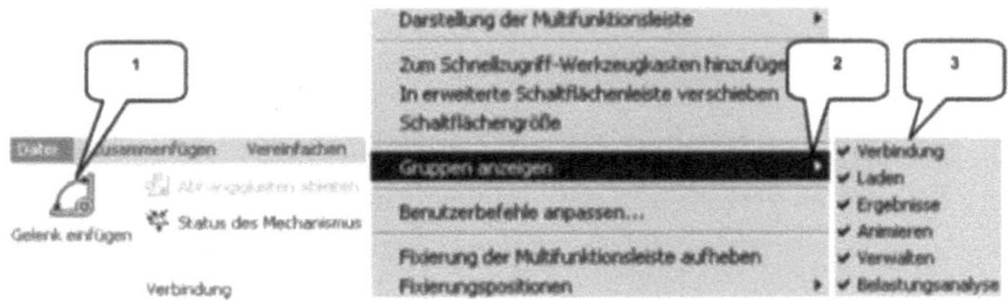

Die folgende tabellarische Übersicht soll die Befehlsgruppen mit den enthaltenen Befehlen darstellen.

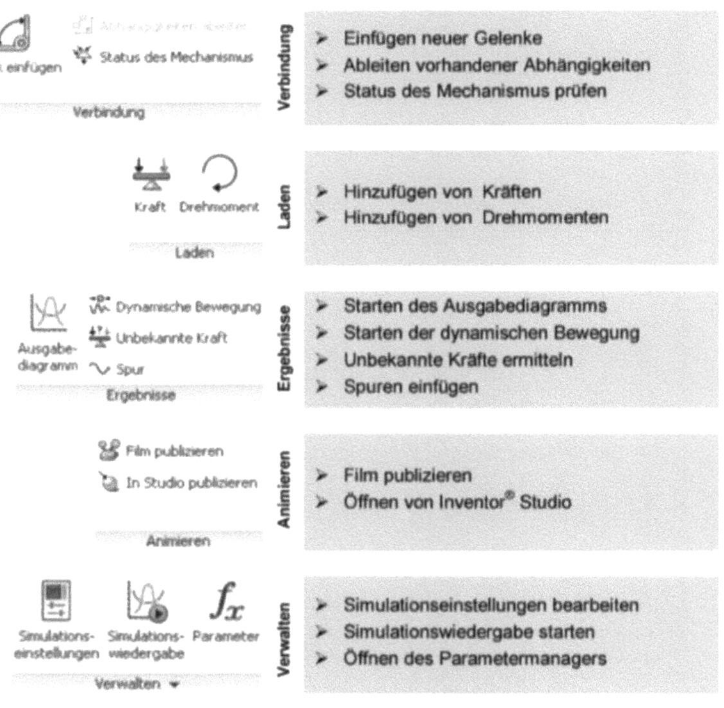

Gruppe	Befehle
Verbindung	➤ Einfügen neuer Gelenke ➤ Ableiten vorhandener Abhängigkeiten ➤ Status des Mechanismus prüfen
Laden	➤ Hinzufügen von Kräften ➤ Hinzufügen von Drehmomenten
Ergebnisse	➤ Starten des Ausgabediagramms ➤ Starten der dynamischen Bewegung ➤ Unbekannte Kräfte ermitteln ➤ Spuren einfügen
Animieren	➤ Film publizieren ➤ Öffnen von Inventor® Studio
Verwalten	➤ Simulationseinstellungen bearbeiten ➤ Simulationswiedergabe starten ➤ Öffnen des Parametermanagers

- Grundlegender Aufbau des Simulationsbereiches -

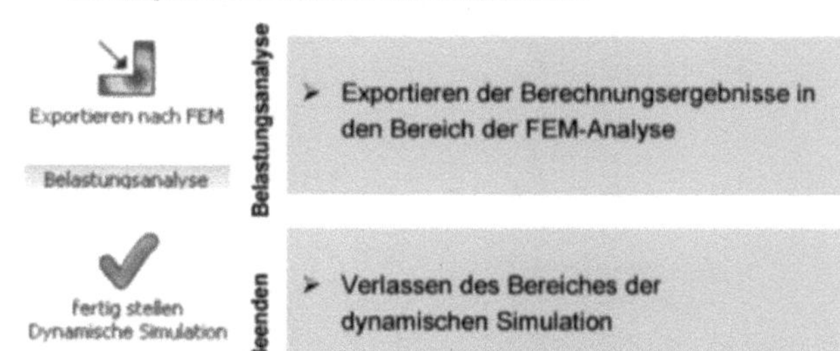

7.3.3 Der Browser und seine Ordner

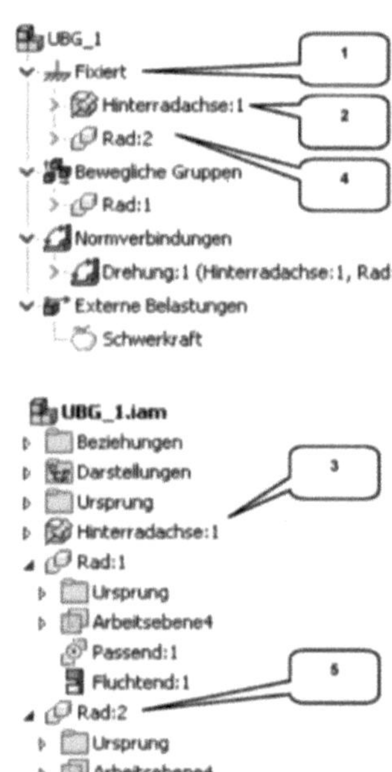

Der **Browser** im Bereich der dynamischen Simulation stellt den Mechanismus einer Baugruppe dar. Darin werden alle Komponenten, Gelenke und Belastungen einer Baugruppe aufgelistet. Die folgenden Ordner sollten bereits vorhanden sein:

Ordner *Fixiert*

Im Ordner *Fixiert* (1) werden alle Komponenten aufgelistet, die entweder keinen oder noch alle sechs Freiheitsgrade besitzen. Sie waren im Bereich der Baugruppenmodellierung also entweder noch frei beweglich oder fixiert.

Ordner	Freiheitsgrade
Fixiert	0 oder 6

Die Hinterradachse (2) der aktuellen Baugruppe ist im Ordner *Fixiert* angeordnet, weil Sie bereits im Baugruppenbereich keine Freiheitsgrade mehr hatte (3). Auch das zweite Rad (4) liegt in diesem Ordner. Es verfügte im Baugruppenbereich noch über alle Freiheitsgrade (5), weil dort keine Abhängigkeiten vergeben wurden.

- Grundlegender Aufbau des Simulationsbereiches -

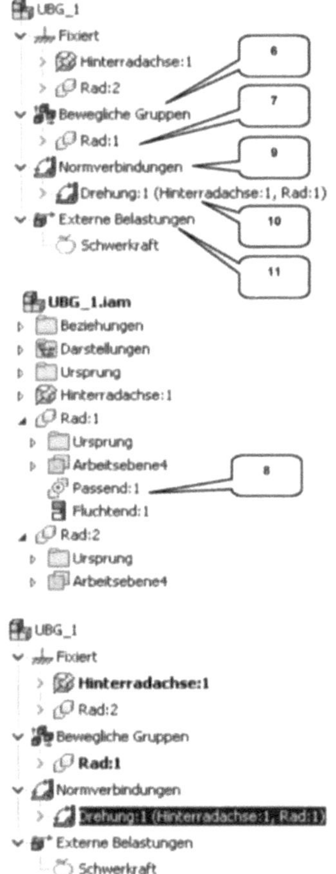

Ordner ♣ *Bewegliche Gruppen*

Im Ordner **Bewegliche Gruppen** (6) werden alle Komponenten einer Baugruppe gesammelt, welche zwischen einem und fünf Freiheitsgrade besitzen.

Ordner	Freiheitsgrade
Bewegliche Gruppen	1 bis 5

Im Ordner befindet sich das erste Rad (7), weil es noch genau einen (Rotations-) Freiheitsgrad besitzt. Diesem Bauteil wurden bereits im Baugruppenbereich zwei Abhängigkeiten (8) zugewiesen.

Ordner ⊿ *Normverbindungen*

Der Ordner **Normverbindungen** (9) enthält alle in einer Baugruppe enthaltenen Gelenke. Darin befindet sich momentan nur ein einziges **Drehgelenk** (10). Es wurde vom Programm automatisch aus der Kombination der beiden Abhängigkeiten **Passend** und **Fluchtend** (8) erstellt.

Ordner ▓° *Externe Belastungen*

Der Ordner **Externe Belastungen** (11) beinhaltet alle Kräfte und Drehmomente die auf den Mechanismus einwirken. Aktuell ist die (allerdings noch deaktivierte) Schwerkraft darin enthalten.

Desweiteren können die folgenden **Ordner** im Browser der dynamischen Simulation erscheinen:

- ⚙ **Rollverbindungen**
- ⬍ **Schiebeverbindungen**
- ▨ **Kontaktverbindungen**
- ▤ **Kraftverbindungen**

- Grundlegender Aufbau des Simulationsbereiches -

Außerdem können die folgenden symbolischen **Sonderbedingungen** auftreten:

- ➤ **Gelenke** mit internen Kräften, Drehmomenten oder Grenzen
- ➤ **Gelenke** mit Redundanzen
- ➤ **Objekte**, die deaktiviert oder unterdrückt wurden
- ➤ **Baugruppenabhängigkeiten**, die unterdrückt wurden

Weil die aktuelle Baugruppe recht übersichtlich ist, können die einzelnen Komponenten mit ihren zugehörigen Normverbindungen im Browser relativ schnell lokalisiert werden. Bei größeren Baugruppen wird das dann schon schwieriger. Um im Browser eine Komponente und die zugeordneten Normverbindungen schnell lokalisieren zu können, kann die gesuchte Komponente im Zeichenbereich mit der linken Maustaste angeklickt werden. Im Browser wird das entsprechende Bauteil dann hervorgehoben und die zugeordnete Normverbindung **fett** dargestellt.

Betrachtet man den Browser genauer, so findet man im Ordner **Fixiert** zum einen die Hinterradachse und zum anderen das Bauteil Rad:2. Die Hinterradachse wurde bereits im Baugruppenbereich fixiert, das zweite Rad hingegen besitzt noch alle sechs Freiheitsgrade und wird daher ebenfalls in diesem Ordner aufgelistet. Bewegt man das Rad:2 bei gedrückter linker Maustaste im Zeichenbereich, so kann man feststellen, dass es keineswegs fixiert ist, sondern sich problemlos bewegen lässt. Das geht allerdings nur beim manuellen Bewegen des Rades per Hand. Bei einer Simulation würde sich das Rad (unter den gegebenen Umständen) nicht bewegen.

Im Ordner **Bewegliche Gruppen** wird das Bauteil Rad:1 aufgelistet, da es nur noch einen Freiheitsgrad (Rotation um die Hinterradachse) besitzt. Dreht man dieses Rad jetzt bei gedrückter linker Maustaste etwas, so signalisiert ein dynamischer schwarzer Kraftvektor das vorhandene Gelenk und symbolisiert damit eine manuelle Krafteinwirkung durch das Drehen des Rades.

Im Ordner **Normverbindungen** wird ein Drehgelenk angezeigt, welches das Programm automatisch aus den beiden Abhängigkeiten (Achse auf Achse und Fläche auf Fläche) zwischen der Hinterradachse und dem zweiten Rad generiert hat. Erweitert man das Drehgelenk, so findet man darin die ursprünglichen beiden Abhängigkeiten.

Im Ordner **Externe Belastungen** befindet sich derzeit nur die Schwerkraft, welche momentan allerdings noch grau hinterlegt, also nicht aktiviert ist.

7.4 Die Baugruppenumgebung und die dynamische Simulation
7.4.1 Freiheitsgrade im Bereich der Baugruppenmodellierung

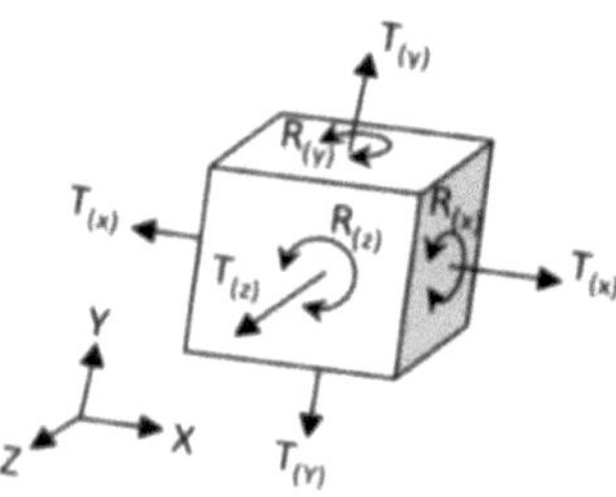

Weil Gelenkverbindungen im Bereich der dynamischen Simulation eine sehr wichtige Rolle spielen, sollten einige wichtige Grundlagen erläutert werden. Eine Komponente in der Inventor® Baugruppenumgebung kann grundsätzlich jede beliebige Position und Ausrichtung einnehmen, da sie dort frei beweglich ist.

Sie verfügt darin über insgesamt sechs Freiheitsgrade und kann sich entlang der drei Achsen (**X**, **Y**, **Z**) linear verschieben (Translation T_X, T_Y, T_Z) und außerdem um jede der drei Achsen frei drehen (Rotation R_X, R_Y, R_Z).

7.4.2 Freiheitsgrade im Bereich der dynamischen Simulation

Anders ist es im Bereich der **dynamischen Simulation**: Hier besitzt eine Komponente grundsätzlich keinen Freiheitsgrad (zumindest nicht während einer Simulation) wenn dies nicht vorab definiert wurde. Soll ein Bauteil also eine bestimmte Bewegung während der Simulation ausführen, so muss es vorab mit dem entsprechenden Gelenk versehen werden.

7.5 Die Simulationseinstellungen
7.5.1 Grundlagen: Simulationseinstellungen

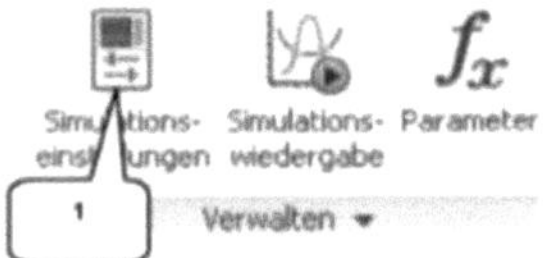

> Befehlsgruppe **Verwalten**
> Simulationseinstellungen (1)

In den **Simulationseinstellungen** kann definiert werden, ob Abhängigkeiten aus dem Baugruppenbereich beim Öffnen des Bereiches der dynamischen Simulation automatisch in Normgelenke konvertiert werden sollen, ob das Programm beim Start auf Redundanzen hinweisen soll und ob mobile Gruppen farblich darzustellen sind.

- Die Simulationseinstellungen -

7.5.2 Abhängigkeiten in Gelenkverbindungen konvertieren

Das Programm kann Abhängigkeiten/ Verbindungen aus der Baugruppenmodellierung automatisch in Gelenke konvertieren, sofern diese Option in den Simulationseinstellungen aktiviert wurde. Je nach Konstellation der Abhängigkeiten entstehen dabei unterschiedliche Verbindungsarten (Gelenkverbindungen). Die folgende tabellarische Übersicht stellt die Kombinationsmöglichkeiten verschiedener Abhängigkeiten und die daraus resultierenden Gelenkverbindungen dar:

Gelenkverbindung	Option	Abhängigkeiten
Drehung	1	Einfügen
	2	Passend (Linie auf Linie) + (Fläche auf Fläche)
Prismatisch	1	2x Passend (Fläche auf Fläche)
Zylindrisch	1	Passend (Linie auf Linie)
	2	Passend (zylindrische Fläche auf zylindrische Fläche)
Kugelförmig	1	Passend (Punkt auf Punkt)
	2	Passend (kugelförmige Fläche auf kugelförmige Fläche)
Eben	1	Passend (Fläche auf Fläche)
Punkt-Linie	1	Passend (Linie auf Punkt)
	2	Passend (Linie auf kugelförmige Fläche)
Linie-Ebene	1	Passend (Linie auf Fläche)
Punkt-Ebene	1	Passend (Punkt auf Fläche)
	2	Passend (Fläche (planar) auf Fläche (konkav)
Verschweißt	1	Bauteil fixiert

7.5.3 Überprüfen der Simulationseinstellungen

Standardmäßig ist in den *Simulationseinstellungen* aktiviert, dass Abhängigkeiten aus dem Baugruppenbereich automatisch in Normgelenke konvertiert werden (besonders bei großen Baugruppen ist das vorteilhaft). Manchmal allerdings sollen Gelenkverbindungen erst im Bereich der dynamischen Simulation erzeugt werden: dann muss diese Option deaktiviert sein. Diese Option soll in der folgenden Übung ausprobiert werden.

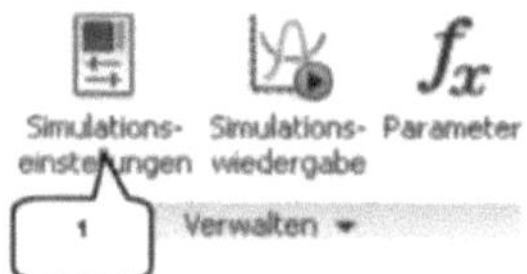

▣ Simulationseinstellungen (1)
➢ Deaktivieren: Abhängigkeiten automatisch in Normgelenke konvertieren (2)
➢ Restliche Einstellungen übernehmen
➢ *Nein* (Hinweisfenster) (3)
➢ *OK* (4)

- Gelenkverbindungen einfügen -

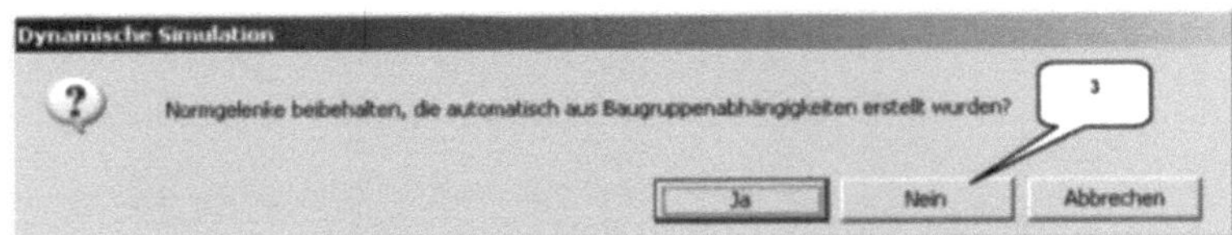

HINWEIS: Wenn die **Einstellungen** im Bereich der dynamischen Simulation bearbeitet werden und die darin enthaltene Option **Abhängigkeiten automatisch in Normgelenke umwandeln** deaktiviert wird, so erscheint im Programm die oben dargestellte Hinweismeldung. Darin ist festzulegen ob die bereits automatisch konvertierten Gelenke weiterhin in der Baugruppe bleiben sollen, oder vollständig zu entfernen sind. Diese Option sollte mit Bedacht gewählt werden, da eine unbeabsichtigte Löschung aller Gelenke unter Umständen zu erheblichem Mehraufwand führen kann, hier aber nötig ist.

7.6   Gelenkverbindungen einfügen
7.6.1   Grundlagen: Gelenke in der dynamischen Simulation

Bevor das zweite Rad jetzt an der Hinterradachse befestigt werden kann, sollten einige Grundlagen zu den Gelenkverbindungen erläutert werden.

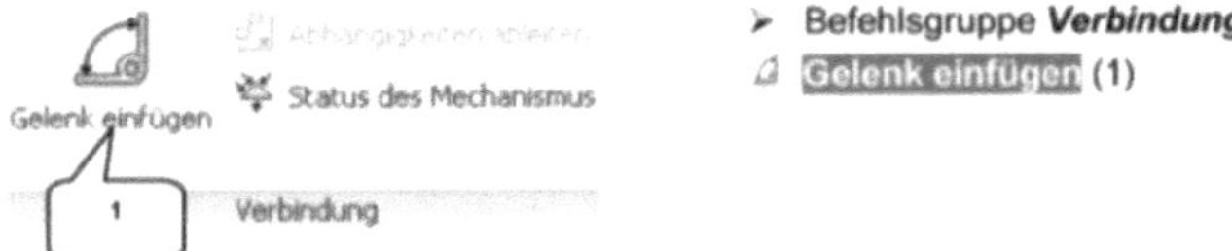

- Gelenkverbindungen einfügen -

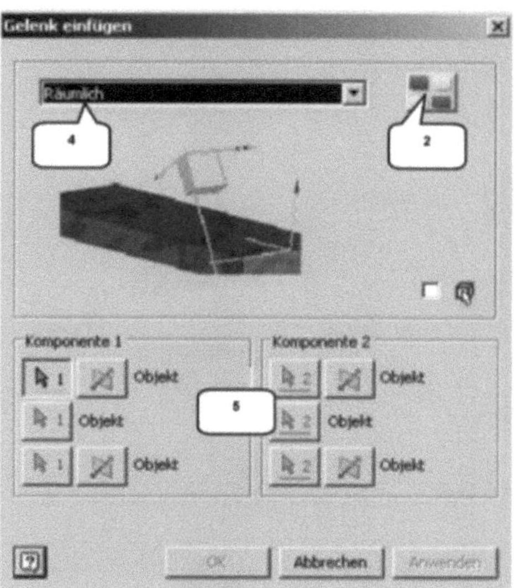

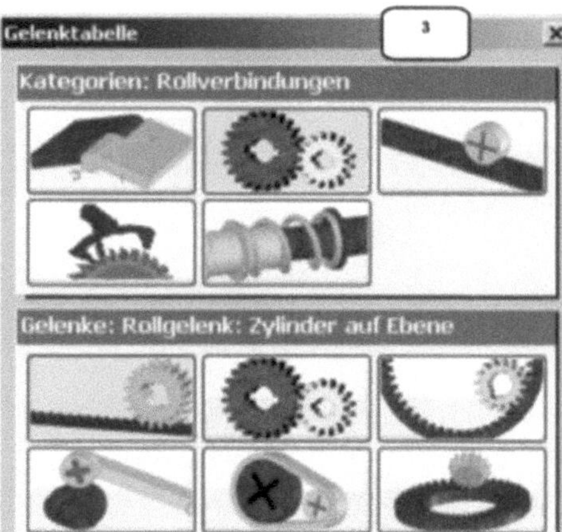

Der Befehl beinhaltet diverse Gelenkverbindungen, die den folgenden Kategorien zugeordnet werden:

> *Normverbindungen*
> *Rollverbindungen*
> *Kontaktverbindungen*
> *Schiebeverbindungen*
> *Kraftverbindungen*

Eine tabellarische Übersicht über die verschiedenen Kategorien erhält man durch einen Klick auf das *Symbol* (2). Wählt man darin eine der Kategorien aus, so öffnet sich die passende Gelenktabelle (3).

Alle Gelenkverbindungen können auch direkt (ohne die vorherige Auswahl der Kategorie) aus einer Liste (4) heraus aktiviert werden.

Wurde eine der Gelenkverbindungen gewählt, sind die entsprechenden Referenzen zur Positionierung zu definieren. Je nach Gelenktyp können dabei Achsen, Flächen, Punkte oder Körperkanten verwendet werden.

In der folgenden Übersicht wurden die Kategorien und ihre enthaltenen Gelenkverbindungen aufgelistet:

- Gelenkverbindungen einfügen -

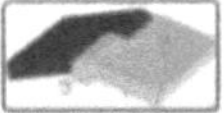 **Normverbindungen**

 *Drehung*  *Prismatisch*

 *Zylindrisch*  *Kugelförmig*

 *Eben*  *Punkt-Linie*

 *Linie-Ebene*  *Punkt-Ebene*

 *Räumlich*  *Verschweißt*

 **Rollverbindungen**

 *Zylinder auf Ebene*  *Zylinder auf Zylinder*

 *Zylinder in Zylinder* 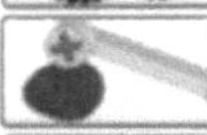 *Zylinder auf Kurve*

 *Riemen*  *Kegel auf Ebene*

 *Kegel auf Kegel*  *Kegel in Kegel*

 *Schraube*  *Schneckenrad*

 **Kontaktverbindungen**

 *2D-Kontakt*

 **Gleitverbindungen**

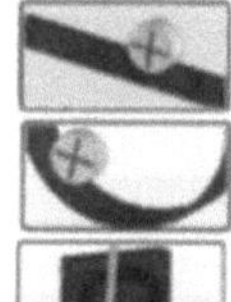 **Zylinder auf Ebene**

 **Zylinder auf Zylinder**

Zylinder in Zylinder

Zylinder auf Kurve

Punkt auf Kurve

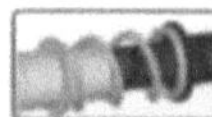 **Kraftverbindungen**

 **3D-Kontakt**

 **Feder/ Dämp-fung/ Buchse**

7.6.2 Erstellen eines Drehgelenks

Das zweite (noch unbefestigte) Rad soll jetzt über ein **Drehgelenk** mit der Hinterradachse verbunden werden.

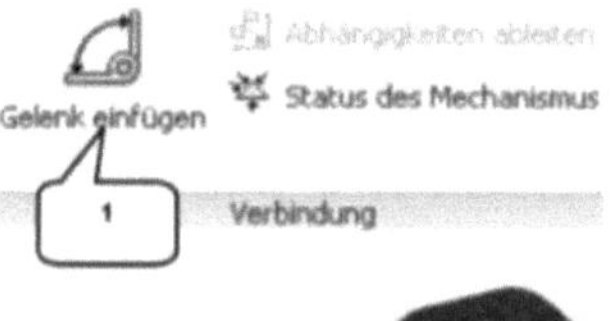

> Befehlsgruppe **Verbindung**
> Gelenk einfügen (1)
> Auswahlmenü erweitern (2)
> Drehung (3)
> Komponente 1 (Z-Achse): Bohrungszylinder (Rad:2) (4)
> Komponente 1 (Ursprung): Bohrungskante (Rad:2) (5)
> Komponente 2 (Z-Achse): Zylinder (Hinterradachse:1) (6)
> Komponente 2 (Ursprung): Kreiskante (Hinterradachse:1) (7)
> **OK**

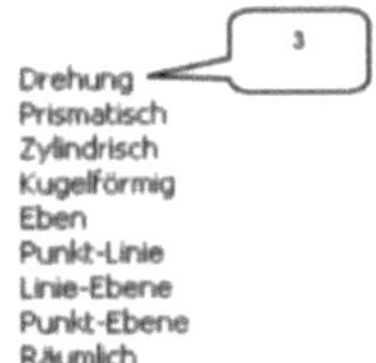

HINWEIS: Bei der Platzierung von Gelenkverbindungen sollte stets die noch unbefestigte Komponente ausgewählt werden. Vorhandene Abhängigkeiten könnten ansonsten unbeabsichtigt gelöscht werden.

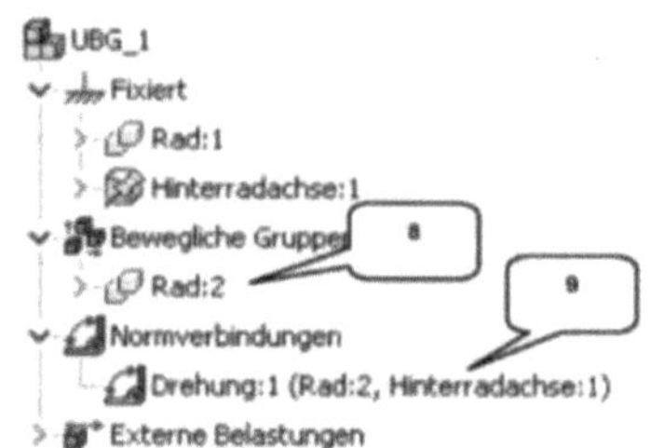

Im Browser ist jetzt zu sehen, dass das zweite Rad aus dem Ordner *Fixiert* in den Ordner *Bewegliche Gruppen* verschoben wurde (8). Weiterhin ist zu sehen, dass zwischen beiden Komponenten ein Drehgelenk erzeugt wurde (9). Dreht man das zweite Rad bei gedrückter linker Maustaste darauf, so erscheint ein schwarzer Pfeil: er stellt einen Kraftvektor dar, der das neue Drehgelenk bestätigt.

7.6.3 Gelenke von vorhandenen Abhängigkeiten ableiten

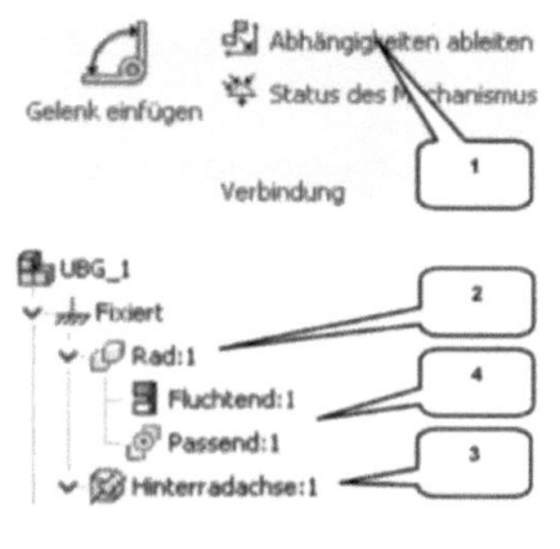

Nachdem eines der Räder durch ein Drehgelenk mit der Hinterradachse verbunden wurde, soll nun auch das zweite Rad damit verbunden werden. Neben der Möglichkeit Gelenke über den Befehl *Gelenk einfügen* zu erzeugen, können diese auch - sofern noch „unbenutzte" Abhängigkeiten vorhanden sind - von bereits im Baugruppenbereich definierten Abhängigkeiten abgeleitet werden.

Abhängigkeiten ableiten (1)
> Nacheinander im Browser auf die beiden Bauteile *Rad:1* (2) und *Hinterradachse:1* (3) klicken

Im Befehlsfenster werden jetzt die Passungen (Abhängigkeiten) *Fluchtend* und *Passend* (4) angezeigt, die zwischen den beiden Bauteilen bestehen und das Programm kombiniert daraus automatisch ein *Drehgelenk* (5).

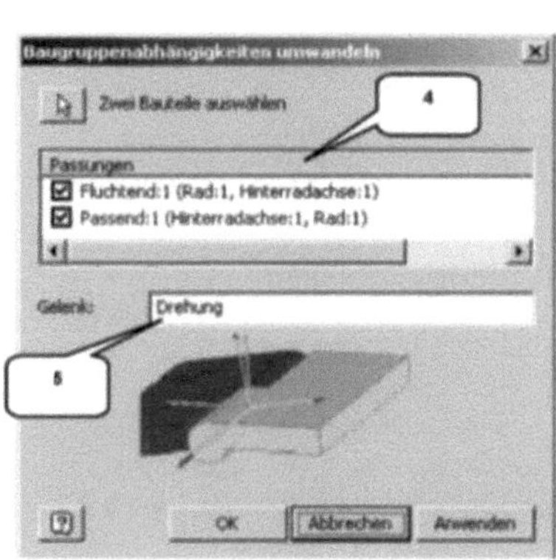

> **OK** (Befehlsfenster)

Die Unterbaugruppe *UBG_1.iam* kann jetzt *gespeichert* und *geschlossen* werden.

7.7 Montage der Hauptbaugruppe
7.7.1 Öffnen der Hauptbaugruppe

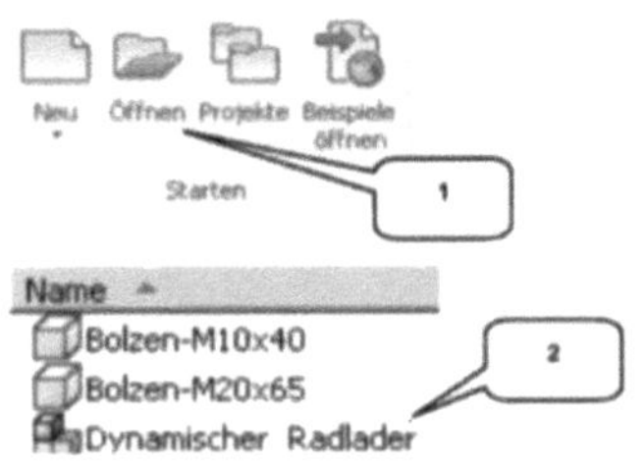

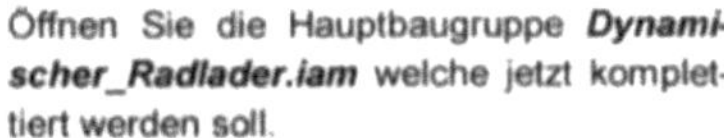

Öffnen Sie die Hauptbaugruppe **Dynamischer_Radlader.iam** welche jetzt komplettiert werden soll.

Öffnen (1)
> Order: Projektordner wählen
> Dateiname: Dynamischer_Radlader (2)
> Dateityp: *.iam
> **Öffnen** *Öffnen*

Der Radlader wurde bereits grundlegend zusammengesetzt und muss lediglich um die Hinterradachse und die beiden Hinterräder ergänzt werden. Weil diese 3 Bauteile bereits in der vorangegangenen Übung in der Unterbaugruppe **UBG_1.iam** zusammengesetzt wurden, kann diese Unterbaugruppe in einem Schritt eingefügt werden.

7.7.2 Platzieren der Unterbaugruppe UBG_1

Arbeitsbereich:
Baugruppe (Zusammenfügen) 

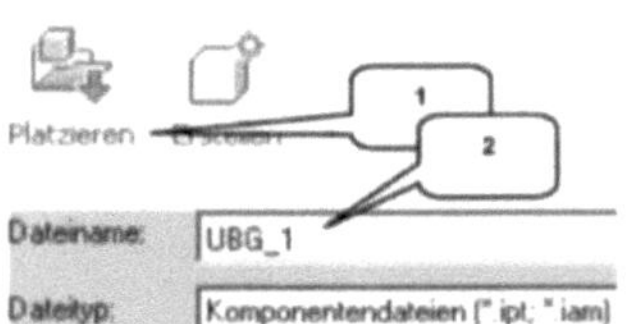

Komponente platzieren (1)
> UBG_1 (2)
> Dateityp: *.iam
> **Öffnen** *Öffnen*
> Baugruppe 1x frei ablegen
> Taste: **ESC**

Nachdem die Unterbaugruppe **UBG_1.iam** in die Hauptbaugruppe eingefügt wurde, soll sie durch ein Drehgelenk mit dem Bauteil **Maschinengehäuse.ipt** verbunden werden. Anstelle einer Kombination einer axialen Abhängigkeit mit einer Flächenabhängigkeit soll diesmal bereits im Baugruppenbereich eine Gelenkverbindung definiert werden.

7.7.3 Unterbaugruppe UBG_1 drehbar lagern

Im Bereich der Baugruppenmodellierung gibt es neben der Möglichkeit, Komponenten durch das Setzen von Abhängigkeiten miteinander zu verbinden auch die Möglichkeit, **Gelenkverbindungen** zu erzeugen. Sie kombinieren verschiedene Abhängigkeiten miteinander und weisen Komponenten in einem Schritt den gewünschten Bewegungsablauf zu. Dabei werden genauso viele Freiheitsgrade übrig gelassen, wie das Gelenk benötigt. Neben der wesentlich schnelleren Platzierung von Gelenkeigenschaften hat dieser Befehl einen weiteren Vorteil: Die im Bereich der dynamischen Simulation gewünschten Gelenkverbindungen können bereits im Bereich der Baugruppenmodellierung eindeutig definiert werden. Bei der Konvertierung von Abhängigkeitskonstellationen für den Bereich der dynamischen Simulation können somit keine Fehlinterpretationen des Programms beim Konvertieren von Abhängigkeiten in Gelenkverbindungen auftreten.

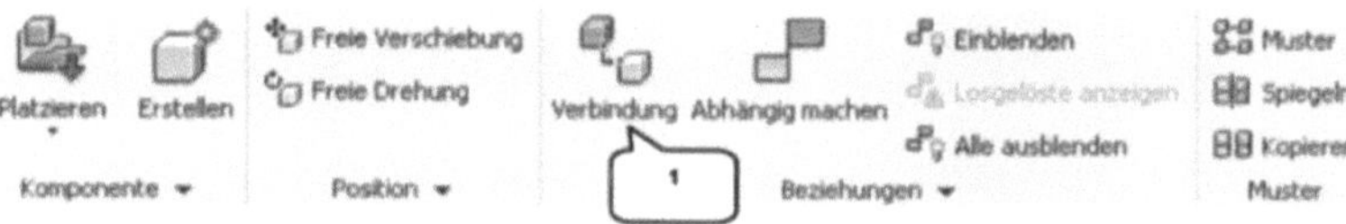

- **Verbindung** (1)
- ➤ Typ: Drehbar (2)
- ➤ Abstand: 0 mm (3)
- ➤ Verbinden 1: Mittleren Ursprungspunkt der Hinterachse wählen (4)
- ➤ Verbinden 2: Mittleren Ursprungspunkt der Zylinderbohrung am Gehäuse wählen (5)
- ➤ **OK**

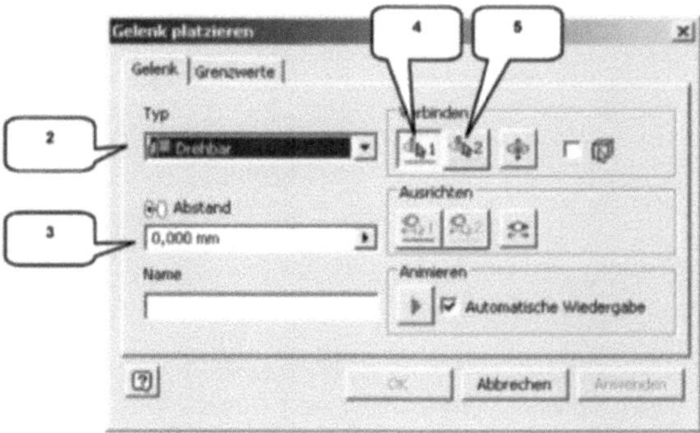

- Der Radlader im Bereich der dynamischen Simulation -

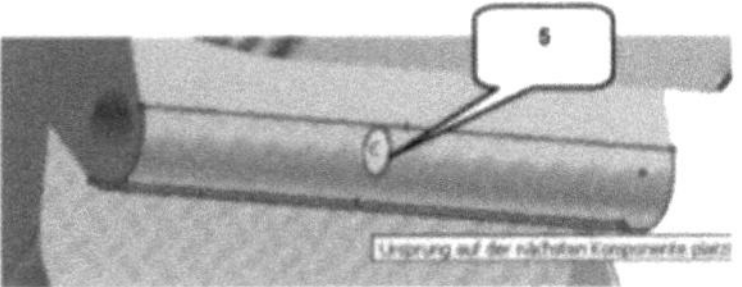

Sobald die beiden Referenzpunkte ausge-
wählt wurden, verschiebt das Programm die
Unterbaugruppe **UBG_1.iam** in die Bohrung
des **Maschinengehäuses**.

Die Baugruppe sollte zu diesem Zeitpunkt
noch einmal **gespeichert** werden, da an-
schließend in den Bereich der **dynami-
schen Simulation** gewechselt wird.

7.8 Der Radlader im Bereich der dynamischen Simulation
7.8.1 Überprüfen der Simulationseinstellungen

Arbeitsbereich:
Dynamische Simulation

> Register **Umgebungen** (1)
> **Dynamische Simulation** (2)

> Befehlsgruppe **Verwalten**
> **Simulationseinstellungen** (3)

HINWEIS: Der Hinweis des Programms auf eine Überbestimmung des Mechanismus kann
mit **OK** bestätigt werden. Es weist dabei lediglich auf vorhandene Redundanzen hin.

In den **Simulationseinstellungen** sollte noch einmal überprüft werden, ob die Option **Ab-
hängigkeiten automatisch in Normgelenke umwandeln** aktiviert ist (4). Das Fenster kann
danach wieder geschlossen werden.

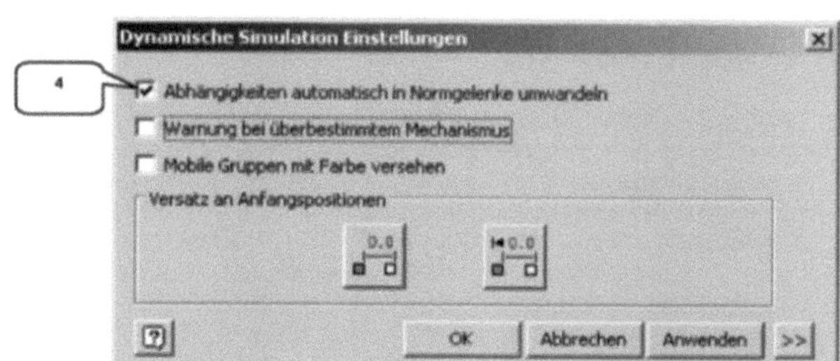

7.8.2 Betrachten der automatisch erstellten Normverbindungen

Weil es in den Simulationseinstellungen im letzten Arbeitsschritt so definiert wurde, hat das Programm alle Verbindungen und Abhängigkeiten bereits in Normgelenke konvertiert. Erweitert man im Browser den Ordner **Normverbindungen** (1) so findet man darin alle bereits vorhandenen Normgelenke. Erweitert man die einzelnen Gelenke (2) so findet man darin die jeweiligen Verbindungen oder Abhängigkeiten aus dem Baugruppenbereich, aus denen die Gelenke erstellt wurden.

Der Klick der rechten Maustaste auf eine der Verbindungen oder Abhängigkeiten erscheint das Kontextmenu. Darin finden sich Optionen, diese Verbindungen oder Abhängigkeiten zu löschen oder zu unterdrücken, was weiterhin eine Änderung des jeweiligen Gelenkes nach sich zieht.

7.9 Manuelle und automatische Simulation
7.9.1 Was ist eine Simulation

Eine Simulation im Bereich der dynamischen Simulation ist die Berechnung eines Mechanismus unter Beachtung aller Parameter und Randbedingungen. Hier gibt es grundsätzlich 2 verschiedene Möglichkeiten: die manuelle und die automatische Simulation. Die manuelle Simulation (Befehl: *Dynamische Bewegung*) entspricht der einfachen Bewegung des Mechanismus bei gedrückter linker Maustaste darauf, wobei alle Kräfte und Gelenke in die Berechnung des Bewegungsablaufes mit einbezogen werden. Bei der automatischen Simulation (Befehl: *Simulationswiedergabe*) kann der Mechanismus nicht per Hand bewegt werden. Das Programm berechnet den exakten Bewegungsablauf des Mechanismus automatisch.

7.9.2 Grundlagen: Dynamische Bauteilbewegung (manuelle Simulation)

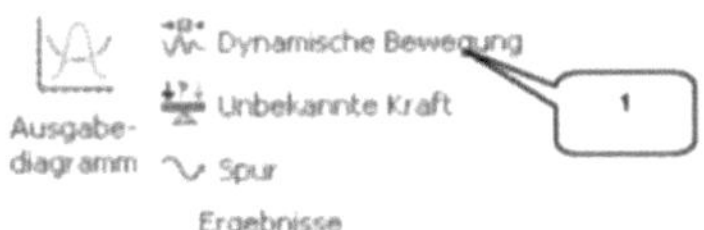

> Befehlsgruppe *Ergebnisse*
> Dynamische Bewegung (1)

Bei der *dynamischen Bauteilbewegung* wird der Mechanismus durch die Bewegung der Maus bei gedrückter linker Maustaste auf ein Bauteil animiert. Die Mausbewegung simuliert hierbei eine äußere Krafteinwirkung deren Multiplikationsfaktor (2) und Maximalwert (3) zu definieren sind.

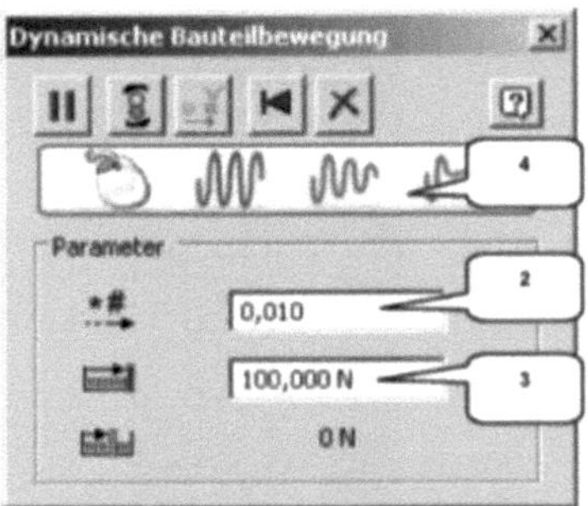

Optional kann bei dieser Simulation ungedämpft, leicht gedämpft oder mit einer starken Dämpfung gearbeitet werden (4).

Das Befehlsfenster kann bereits wieder *geschlossen* werden (5).

HINWEIS: Leider reagiert das Programm auf diesen Befehl sehr sensibel, was häufig einen Programmabsturz zur Folge hat. Hier hilft dann oft nur ein Neustart des Programms.

7.9.3 Grundlagen: Simulationswiedergabe (automatische Simulation)

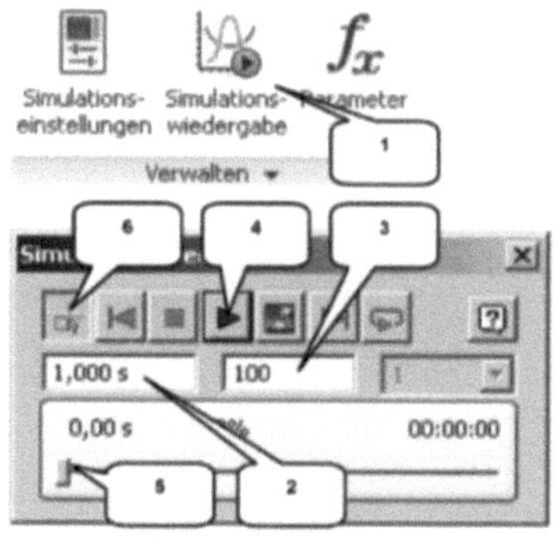

➢ Befehlsgruppe **Verwalten**

Simulationswiedergabe (1)

In der **Simulationswiedergabe** wird der gesamte Mechanismus unter Beachtung der voreingestellten Parameter (wie z. B. Reibung und Dämpfung) und unter Einwirkung äußerer Kräfte und Drehmomente (automatisch) simuliert. Die Simulationsdauer (2) und die daraus resultierende Anzahl an Bildberechnungen (3) kann frei definiert werden. Nach Simulationsstart (4) signalisiert der Schieberegler (5) den zeitlichen Verlauf. Durch den Konstruktionsmodus (6) wird die eigentliche Simulation verlassen.

7.9.4 Starten der ersten Simulation

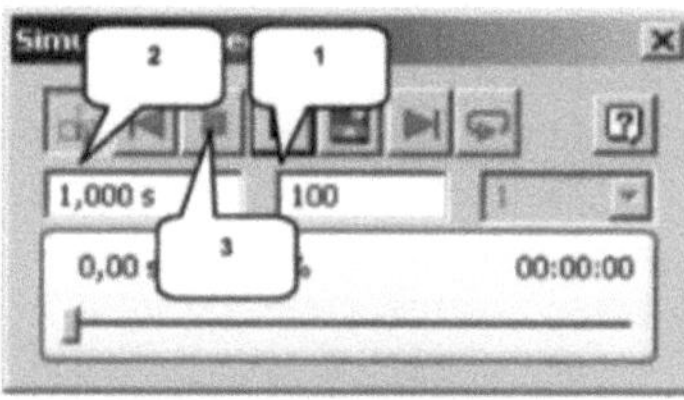

Um die erste Simulation durchführen zu können muss im Fenster **Simulationswiedergabe** die Wiedergabe gestartet werden.

➢ **Wiedergabe** (1)
➢ Simulation vollständig ablaufen lassen
➢ **Konstruktionsmodus** (2)

HINWEIS: Der Button **Stopp** (3) beendet eine Simulation vorzeitig. Der Button **Konstruktionsmodus** (2) lässt das Programm in den Konstruktionsbereich zurückkehren.

Leider war der Schieberegler (4) das Einzige, was sich während der Simulation bewegte: der Rest der Baugruppe **blieb starr!**

Der Grund ist folgender: Eine Simulation erfordert mindestens eine Gelenkverbindung und mindestens eine Kraft/ einen Antrieb. Gelenkverbindungen gibt es genügend in der Baugruppe, allerdings wurden noch keine Kräfte aktiviert.

7.10 Definition der Schwerkraft
7.10.1 Die Normalfallbeschleunigung

Die einfachste Möglichkeit den gesamten Mechanismus anzutreiben, ist die Definition der Normalfallbeschleunigung. Im Browser befindet sich an unterster Stelle ein Ordner **externe Belastungen**, welcher zu erweitern und die darin enthaltene **Schwerkraft** zu bearbeiten ist.

Da der Radlader auf der XZ-Ebene steht, muss die Normalfallbeschleunigung in negativer Richtung der Y-Achse wirken. Hierfür ist im entsprechenden Eingabebereich der Wert der Normalfallbeschleunigung (g) in der Zeile g[Y] mit -9810 mm/s^2 festzulegen.

HINWEIS: Sollte sich die Richtung der Schwerkraft nicht definieren lassen und der gesamte Browser noch grau dargestellt sein, so befinden Sie sich unter Umständen noch im Simulationsmodus. In diesem Fall muss im Fenster der Simulationswiedergabe der Button **Konstruktionsmodus** gewählt werden (siehe vorheriges Kapitel).

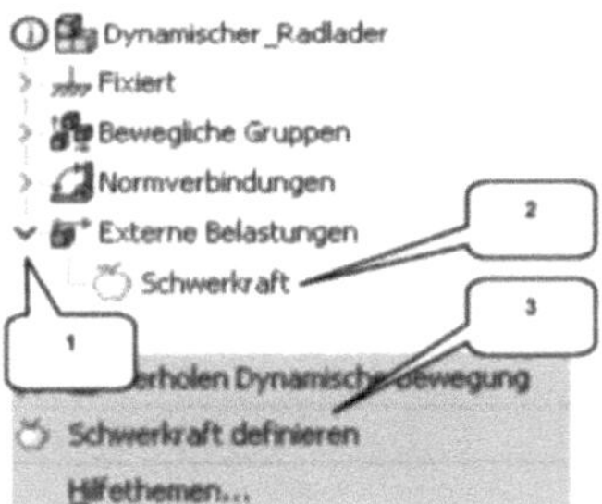

> **Externe Belastungen** erweitern (1)
> **Rechte Maustaste** auf **Schwerkraft** (2)
> **Schwerkraft definieren** (3)

> Deaktivieren: Unterdrücken (4)
> Aktivieren: Vektorkomponenten (5)
> g[Y]: -9810 mm/s^2 (6)
> **OK**

Newtons Apfel sollte jetzt im Browser gelb dargestellt werden, was durch die aktivierte Schwerkraft symbolisiert wird. Der Richtungsvektor der Schwerkraft wird durch einen gelben Pfeil (6) dargestellt. Speichern Sie die Baugruppe sollte vor dem nächsten Schritt gespeichert werden.

Speichern (Ja für alle)

- Definition der Schwerkraft -

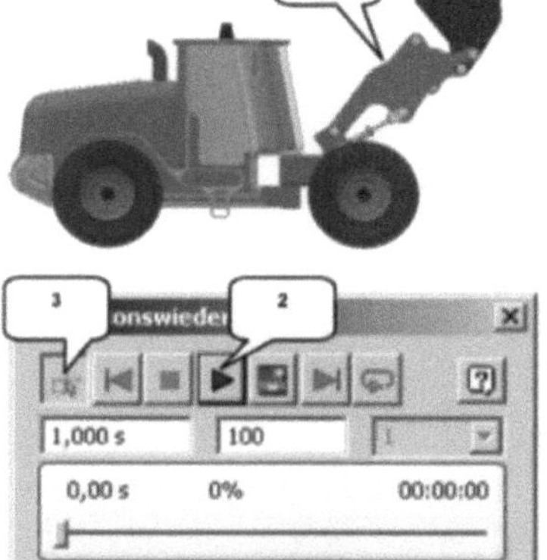

7.10.2 Ausführen und Aufzeichnen der Simulation

Vor der nächsten Simulation sollte der Hubapparat des Radladers bei gedrückter linker Maustaste leicht nach oben bewegt werden (siehe Abbildung).

- ➢ Hubapparat nach oben bewegen (1)
- ➢ ▶ *Wiedergabe* (2)
- ➢ Simulation ablaufen lassen
- ➢ ▣ *Konstruktionsmodus* (3)

Die Schwerkraft müsste den Hubapparat während der Simulation nach unten bewegt haben, wobei allerdings alle anderen Bauteile durchschlagen wurden (4). Das Programm erkennt Kollisionen leider auch im Bereich der dynamischen Simulation nicht automatisch.

HINWEIS: Das Programm erkennt weder im Bereich der Baugruppenmodellierung noch im Bereich der dynamischen Simulation automatisch *Kollisionen*, wenn die hierfür benötigten Kontrollmechanismen nicht vorab definiert wurden. Im Bereich der Baugruppenmodellierung können Bewegungen begrenzt oder Kontaktsätze definiert werden: Kollisionen werden dann automatisch erkannt und Bewegungen begrenzt. Solche Möglichkeiten gibt es natürlich auch im Bereich der dynamischen Simulation.

- Definition der Schwerkraft -

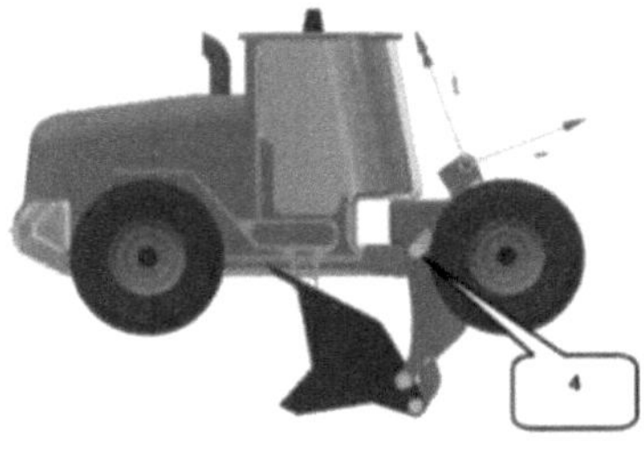

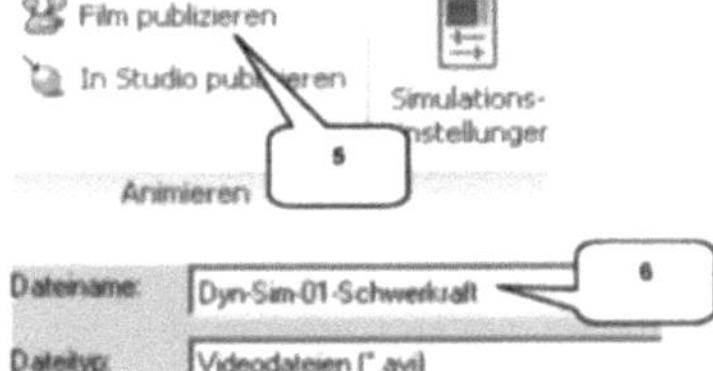

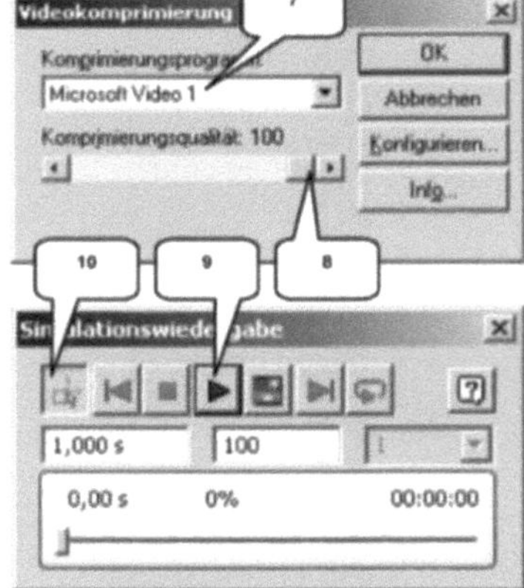

Die letzte Simulation soll noch einmal wiederholt werden um sie zusätzlich als Video zu speichern. Das ist möglich wenn vorher der Befehl **Film publizieren** gestartet wurde.

Film publizieren (5)
- Dateiname: Dyn-Sim-01-Schwerkraft (6)
- Dateityp: *.avi
- Speicherort: Projektordner
- Speichern **Speichern**

- Komprimierung: Microsoft Video 1 (7)
- Qualität: 100 % (8)
- OK **OK**

- **Wiedergabe** (9)
- Simulation ablaufen lassen
- **Konstruktionsmodus** (10)

Nach der erfolgten Simulation und dem anschließenden Wechsel in den Konstruktionsmodus, muss der Befehl **Film publizieren** erneut angeklickt werden, um die Videoaufnahme zu beenden.

Film publizieren (5)

Die Videodatei **Dyn-Sim-01-Schwerkraft.avi** (11) kann jetzt im Projektordner gestartet werden, wofür ein beliebiger Video-Player benötigt wird.

Die Auswertung der Simulation lässt darauf schließen, dass der Mechanismus der Baugruppe grundlegend überarbeitet werden muss, um einen funktionstüchtigen Bewegungsablauf zu erreichen.

Der Bereich der dynamischen Simulation sollte jetzt verlassen werden um im Bereich der Baugruppenmodellierung erste Optimierungen an der Baugruppe vorzunehmen.

✓ **Fertigstellen** (12)

7.11 Begrenzen der Hubbewegung
7.11.1 Festlegen der Grenzwerte für die Hubbewegung

Arbeitsbereich:
Baugruppe (Zusammenfügen)

Im ersten Schritt soll der (unkontrollierte) freie Fall des Hubapparates begrenzt werden, wofür eine der vorhandenen Gelenkverbindungen zu bearbeiten ist.

Wird im Browser das Bauteil *Hubrahmen:1* erweitert, findet man darin 4 verschiedene Drehgelenke (zu erkennen am ⬚ Symbol) sowie eine starre Verbindung (⬚). Beim Klicken mit der rechten Maustaste auf das Drehgelenk *Hubrahmen_Rotation_R* erscheint ein Kontextmenu. Wird darin die Option *Bearbeiten* ausgewählt, öffnet sich das Befehlsfenster *Gelenk bearbeiten*.

➤ Bauteil *Hubrahmen:1* im Browser erweitern (1)
➤ *Rechte Maustaste* auf Drehgelenk *Hubrahmen_Rotation_R* (2)
➤ *Bearbeiten* (3)

- Begrenzen der Hubbewegung -

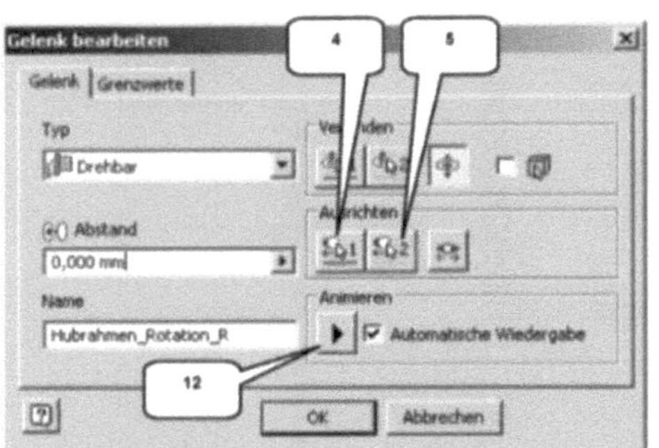

Durch die zusätzliche Definition einer Winkelbegrenzung soll die Drehbewegung des Gelenks eingeschränkt werden, was sich anschließend auch in den Bereich der dynamischen Simulation übertragen sollte.

➢ Ausrichten 1: Fläche Hubrahmen:1 (4)
➢ Ausrichten 2: Fläche Maschinenrahmen:1 (5)

Im Register **Grenzwerte** kann jetzt der Winkel definiert werden:

➢ Register **Grenzwerte** (6)
➢ Aktivieren: Start (7)
➢ Startwinkel: 60 ° (8)
➢ Aktueller Winkel: 123 ° (9)
➢ Aktivieren: Ende (10)
➢ Endwinkel: 123 ° (11)
➢  **OK**

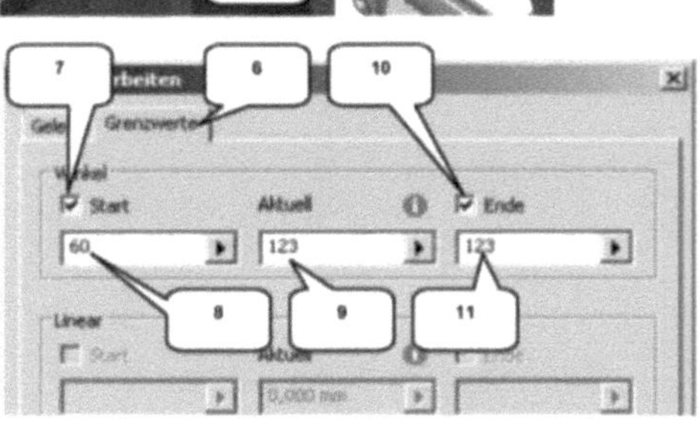

Die Begrenzung der Drehbewegung wird im Browser durch ein **+/- Symbol** (14) gekennzeichnet und ist dadurch leicht zu erkennen. Das Hubsystem kann jetzt bei gedrückter linker Maustaste nach oben gezogen werden, bis die in Abbildung (13) dargestellte Position erreicht wurde. Die Baugruppe ist im Anschluss daran zu speichern.

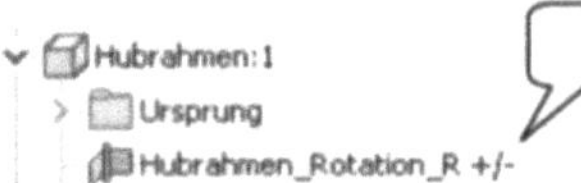

- 59 -

- Begrenzen der Hubbewegung -

> *HINWEIS*: Sollte das Programm das Setzen der letzten Winkelbegrenzung nicht akzeptieren, so hilft es manchmal, den Befehl zu beenden, die Position des Hubsystems leicht zu verändern und den Befehl zu wiederholen. Leider reagiert das Programm bei solchen Arbeitsschritten teilweise etwas sensibel.

7.11.2 Ausführen und Aufzeichnen der Simulation

Arbeitsbereich:
Dynamische Simulation

> ➢ Register *Umgebungen* (1)
> **Dynamische Simulation** (2)

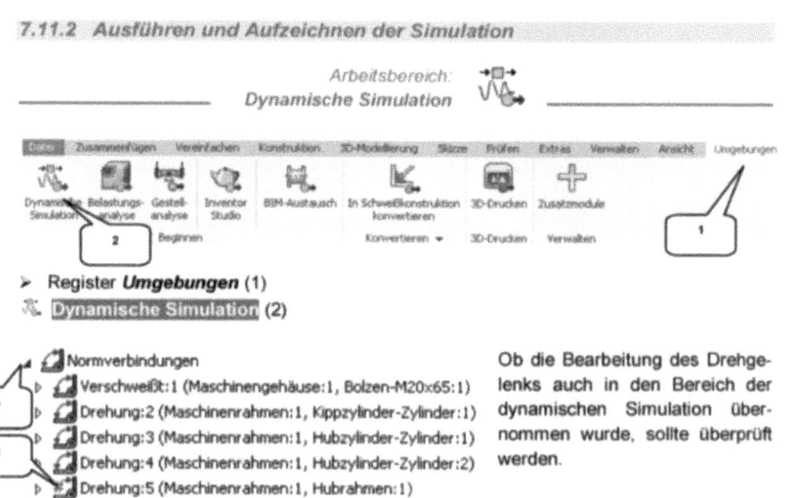

Ob die Bearbeitung des Drehgelenks auch in den Bereich der dynamischen Simulation übernommen wurde, sollte überprüft werden.

Hierfür ist im Browser der Ordner *Normverbindungen* zu erweitern und darin das Drehgelenk zwischen den Bauteilen Maschinenrahmen:1 und Hubrahmen:1 (3) zu lokalisieren. Achten Sie dabei einfach auf ein *Drehgelenk* mit einem # - Symbol.

Klicken Sie mit der rechten Maustaste darauf und wählen Sie im Kontextmenu die *Eigenschaften*. Wechseln Sie darin ins Register *Freiheitsgrad* und kontrollieren Sie in den Anfangsbedingungen die Grenzwerte (60° bis 123°). Schließen Sie das Befehlsfenster anschließend und überprüfen Sie die Auswirkungen der neuen Einstellungen auf den Mechanismus, wofür eine weitere Simulation durchzuführen ist.

- Begrenzen der Hubbewegung -

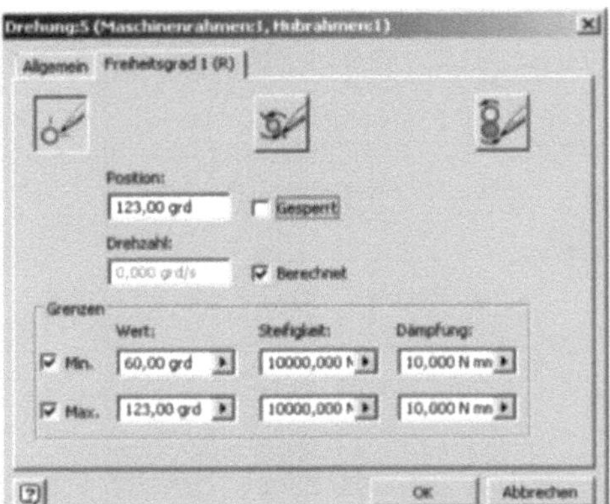

- ➤ Ordner **Normverbindungen** erweitern (3)
- ➤ **Rechte Maustaste** auf Drehgelenk der Bauteile Maschinenrahmen:1 und Hubrahmen:1 (4)
- ➤ Option: Eigenschaften (5)
- ➤ Grenzwerte kontrollieren (6)
- ➤ **OK**

Sollten die Grenzwerte übereinstimmen, soll eine neue Simulation jetzt ihre Funktionalität überprüfen.

🖙 **Film publizieren**
- ➤ Dateiname:
  Dyn-Sim-02-Hubbegrenzung (3)
- ➤ Dateityp: *.avi
- ➤ **Speichern**

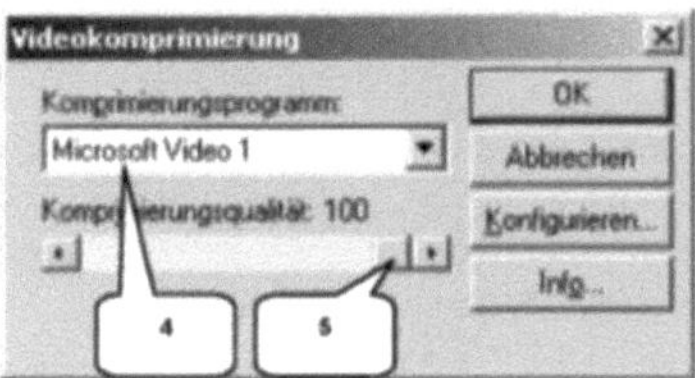

- ➤ Komprimierung: Microsoft Video 1 (4)
- ➤ Qualität: 100 % (5)
- ➤ **OK**

- ➤ **Wiedergabe** (6)
- ➤ Simulation ablaufen lassen
- ➤ **Konstruktionsmodus** (7)
🖙 **Film publizieren**

Das Hubsystem fällt und schlägt hart auf, sobald der Grenzwert des Drehwinkels erreicht wurde.

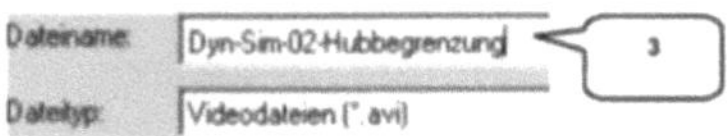

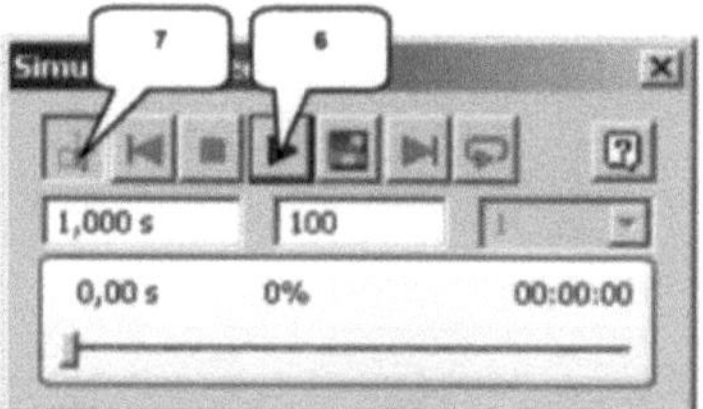

Eine Kollision zwischen Hubrahmen und Maschinenrahmen findet nicht mehr statt, nur die Schaufel schwingt noch frei und schlägt dabei ggf. durch die angrenzenden Bauteile hindurch. Um jetzt auch die Schaufel in ihrer Bewegung zu begrenzen und damit weitere Kollisionen zu vermeiden, könnte auch das Drehgelenk der Schaufel

mit Grenzwerten versehen werden. Oder man verwendet eine andere Option: das Hinzufügen eines *3D-Kontaktes*. Hierzu sollten vorab allerdings einige Grundlagen zum Thema *Gelenkverbindungen* erläutert werden.

7.12 Begrenzen der Kippbewegung
7.12.1 Grundlagen: 3D-Kontakt

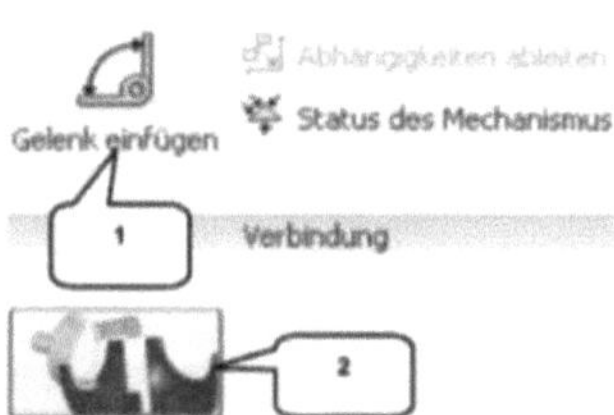

> Befehlsgruppe *Verbindung*
> Gelenk einfügen (1)
> Auswahl: 3D-Kontakt (2)

Der *3D-Kontakt* ermöglicht es Kollisionen zwischen zwei Bauteilen zu erkennen und den Bewegungsablauf bei Kontakt zu stoppen. Er gleicht damit dem *Kontaktsatz* im Baugruppenbereich.

7.12.2 Einfügen eines 3D-Kontaktes

Betrachtet man den Bewegungsapparat, so stellt man fest, dass die Schaufel über verschiedene Bauteile mit dem Kippzylinder verbunden ist. Die unkontrollierte Schwingung der Schaufel hat unter anderem zur Folge, dass der Kolben des Kippzylinders ungebremst in den Zylinder eintaucht. Würde man also diese beiden Bauteile bei Kontakt stoppen, so überträgt sich das letztendlich auch auf die Bewegung der Schaufel.

- Begrenzen der Kippbewegung -

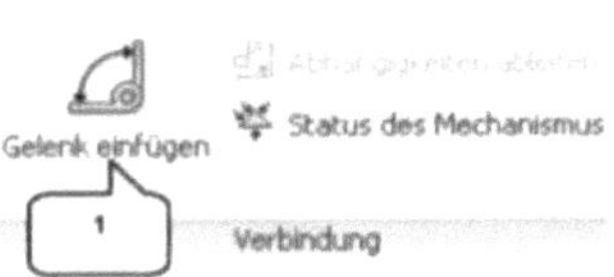

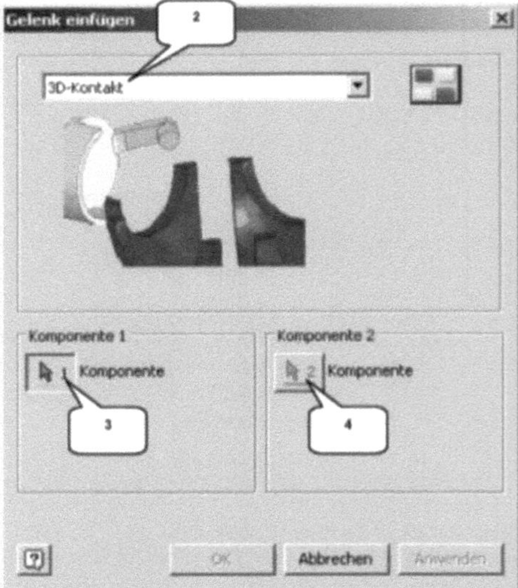

Kolben und Zylinder des Kippzylinders sollen jetzt also mit einer zusätzlichen Gelenkverbindung - einem *3D-Kontakt* - versehen werden. Der Zylinder wurde zu diesem Zweck an der oberen Seite präpariert, so dass der Blick in dessen Innenbereich und damit auch auf den Kolben darin frei ist. Als Referenzen auszuwählen sind die jeweiligen runden Kanten von Kolben und Zylinder.

- Gelenk einfügen (1)
- Auswahl: 3D-Kontakt (2)
- Komponente 1:
  Bohrungskante
  Kippzylinder-Kolben:1 (3)
- Komponente 2:
  Zylinderkante
  Kippzylinder-Zylinder:1 (4)
- OK

- Speichern

HINWEIS: Es sind die jeweiligen Zylinderkanten auszuwählen, nicht die Flächen!

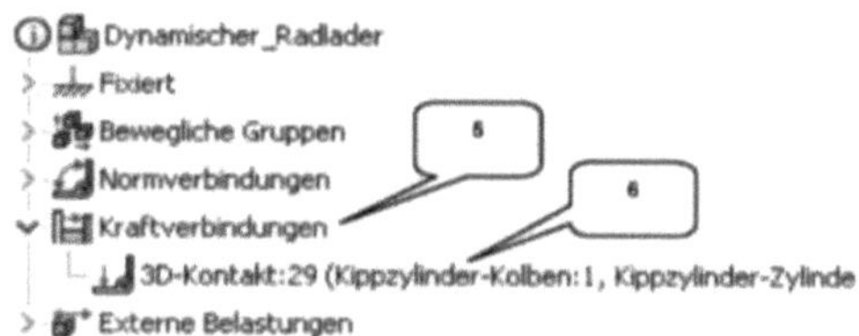

Der Browser erweitert sich jetzt um den neuen Ordner **Kraftverbindungen** (5). Darin enthalten ist der soeben erstellte **3D-Kontakt** (6).

HINWEIS: Gelenkverbindungen werden automatisch nummeriert (z. B. 3D-Kontakt:**29**). Diese Nummerierung kann von den Abbildungen hier im Buch abweichen, was allerdings keine Rolle spielt. Wichtig ist nur die korrekte Bauteilkonstellation. Die Bauteile werden in Klammern hinter der Gelenkverbindung angegeben (z. B. Kippzylinder-Kolben:1, Kippzylinder-Zylinder:1). Ihre Reihenfolge spielt dabei ebenfalls keine Rolle.

7.12.3 Ausführen und Aufzeichnen der Simulation

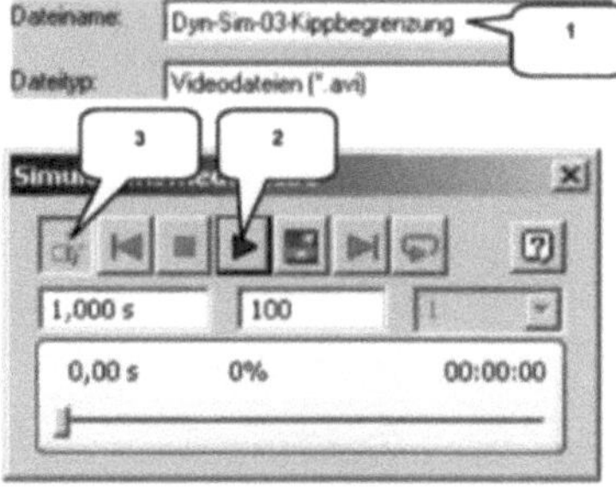

Eine Simulation soll zeigen, ob der 3D-Kontakt das gewünschte Ergebnis erzielen kann.

- Film publizieren
- Dateiname:
  Dyn-Sim-03-Kippbegrenzung (1)
- Dateityp: *.avi
- Speichern **Speichern**

- Komprimierung: Microsoft Video 1
- Qualität: 100 %
- OK **OK**

- **Wiedergabe** (2)
- Simulation ablaufen lassen
- **Konstruktionsmodus** (3)
- Film publizieren

Hubsystem und Schaufel fallen während der Simulation ungebremst nach unten, bis beide Hubrahmen den maximalen Winkel erreicht haben.

Auszug aus dem Buch BELASTUNGSANALYSE (FEM)

Die folgenden Seiten zeigen Auszüge aus dem Buch:

➢ *Autodesk® Inventor® - BELASTUNGSANALYSE (FEM)*

Bauteile und Baugruppen können in Autodesk® Inventor® einer **FEM-Analyse** unterzogen werden. Dort wird ihr strukturmechanisches Verhalten unter Last simuliert, um daraus Rückschlüsse auf kritische Bereiche ziehen zu können, deren Optimierung dann bereits während der Konstruktionsphase möglich ist. Die Studien können zu einem bestimmten Zeitpunkt und mit fest definierten Lasten und Auflagern stattfinden, oder parametrisch unter Verwendung beliebiger Variablen. Auch Analysen der Eigenfrequenzen eines Bauteils sind möglich. Weiterhin können Bauteile einer Topologieoptimierung unterzogen werden.

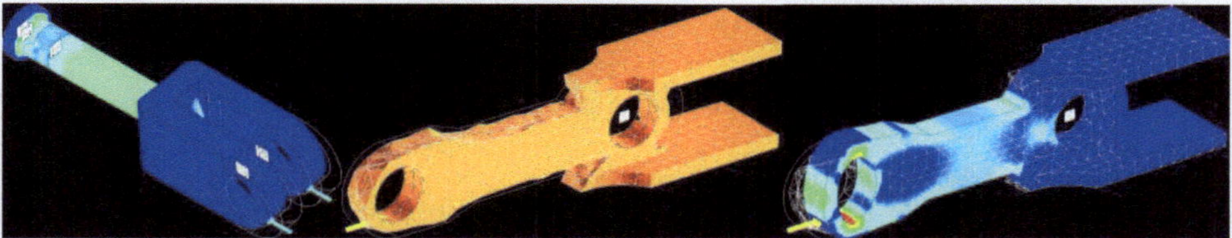

Im Buch werden die folgenden Bereiche behandelt:

➢ Erstellen von Einzelpunkt-Studien, parametrischen Studien und Modalanalysen
➢ Parameter aus der Dynamischen Simulation in den FEM-Bereich übernehmen
➢ Platzieren und Bearbeiten von Abhängigkeiten, Kräften, Drehmomenten oder Drücken
➢ Generieren und Verfeinern von FEM-Netzen
➢ Präzisieren von Bauteiloberflächen
➢ Besonderheiten der Kontakteigenschaften zwischen Bauteiloberflächen
➢ Der Umgang mit dünnwandigen Bauteilen
➢ Erstellen, Animieren und Aufzeichnen von Bauteilverformungen
➢ Topologische Optimierung von Bauteilen mit dem Formengenerator
➢ Exportieren der Simulationsergebnisse

Weitere Informationen zu diesem und anderen Büchern erhalten Sie auf der Website:

➢ https://www.cad-trainings.de

Christian Schlieder

Autodesk® Inventor® 2021

BELASTUNGSANALYSE (FEM)

4. Auflage

Viele praktische Übungen am Konstruktionsobjekt RADLADER

Modalanalysen, Einzelpunkt-Studien, parametrische Studien, Datenmigration aus der dynamischen Simulation, Platzieren von Lasten und Auflagern, Erstellen und Bearbeiten von FEM-Netzen, Präzisieren von Kontaktflächen, Vorbereiten dünnwandiger Teile, Topologieoptimierung mit dem Formengenerator, Ergebnisexport

- Die Baugruppe im Überblick -

5.4 Die Baugruppe im Überblick

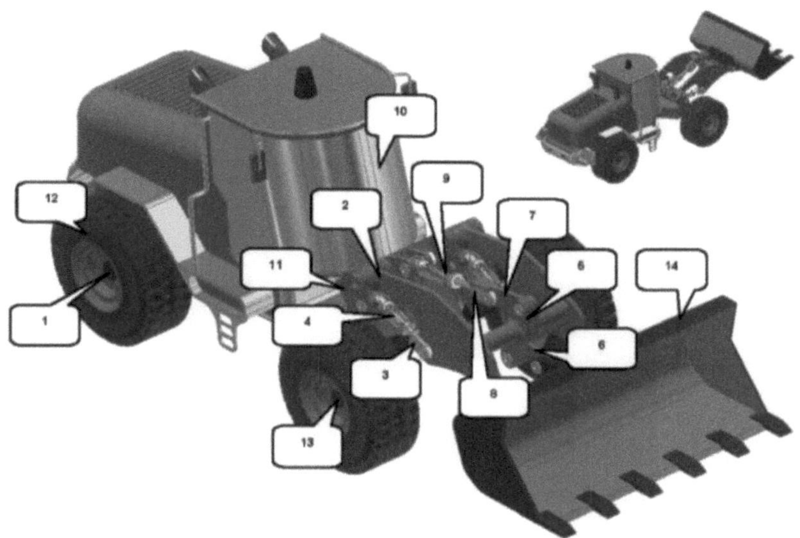

1) Hinterradachse	6) Kippschwinge	11) Maschinenrahmen
2) Hubrahmen	7) Kippzylinder-Fixierung	12) Rad
3) Hubzylinder-Kolben	8) Kippzylinder-Kolben	13) Radbolzen
4) Hubzylinder-Zylinder	9) Kippzylinder-Zylinder	14) Schaufel
5) Kipphebel	10) Maschinengehäuse	

6 Die Umgebung der Belastungsanalyse

6.1 Arten der Inventor®-Belastungsanalyse

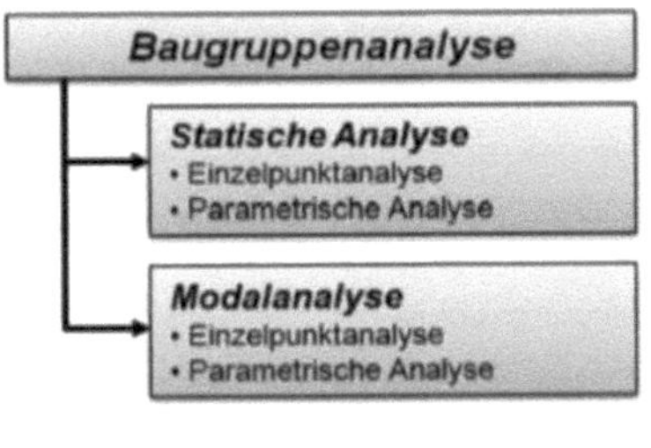

Die Belastungsanalyse ermöglicht grundsätzlich die Studie an Bauteilen und Baugruppen, wobei eine Baugruppenanalyse letztendlich auf eine Optimierung ausgewählter Bauteile ausgerichtet ist.

Baugruppen und Bauteile können in den folgenden Formen analysiert werden:

> **Statische Einzelpunktstudie** [1]
> **Parametrische Einzelpunktstudie** [2]
> **Modalanalyse (Einzelpunkt)** [3]
> **Modalanalyse (parametrisch)** [4]

Wurden alle konstruktiven Schwachstellen eines Bauteils ermittelt und korrigiert, so kann es weiterhin anhand einer:

> **Topologieoptimierung** [5]

mit dem Inventor®-Formen Generator optimiert werden. Darin wird geprüft, inwieweit eine Gewichts- und Massenreduktion möglich ist, ohne die Stabilität des Bauteils kritisch zu beeinflussen.

6.2 Grundlegender Aufbau des Analysebereiches
6.2.1 Baugruppe DYNAMISCHER_RADLADER_VEREINFACHT öffnen

In der ersten Übung soll das Bauteil **Hubrahmen.ipt** analysiert werden. Es wurde zu diesem Zweck bereits im Bereich der Dynamischen Simulation innerhalb der zugehörigen

---

[1] Objektstudie mit fest definierten Randbedingungen.
[2] Objektstudie mit variablen Randbedingungen.
[3] Objektstudie zu den Eigenschwingungen mit fest definierten Randbedingungen.
[4] Objektstudie zu den Eigenschwingungen mit variablen Randbedingungen.
[5] Berechnungsverfahren zur Gewichts- und Massenreduktion von Bauteilen unter Beachtung der Randbedingungen.

7 Studien statisch bestimmter Bauteile

7.1 Randbedingungen definieren

Von **statisch bestimmten Bauteilen** soll in diesem Zusammenhang gesprochen werden, wenn ein Bauteil bereits im Bereich der Dynamischen Simulation innerhalb einer Baugruppe analysiert wurde. Alle Abhängigkeiten und Lasten wurden in diesem Fall bereits definiert.

Einmal davon abgesehen, dass die Aufbereitung einer Baugruppe im Bereich der Dynamischen Simulation sehr aufwändig ist, können Bauteile in diesem Fall in der Belastungsanalyse sehr schnell analysiert werden, weil ihnen lediglich noch ein passendes Material zugewiesen werden muss (es müssen weder Abhängigkeiten noch Lasten gesetzt werden, weil das Bauteil bereits aus dem Bereich der Dynamischen Simulation heraus durch verschiedene Kräfte und Momente vollständig statisch bestimmt präsentiert wird). Außerdem sind die bereits platzierten Lasten und Auflager[8] äußerst präzise, was bei einer manuellen Platzierung der Randbedingungen nahezu ausgeschlossen werden könnte. Die Berechnungsergebnisse werden bei derartigen Analysen also stets genauer sein.

7.1.1 Grundlagen: Neue Studie erstellen

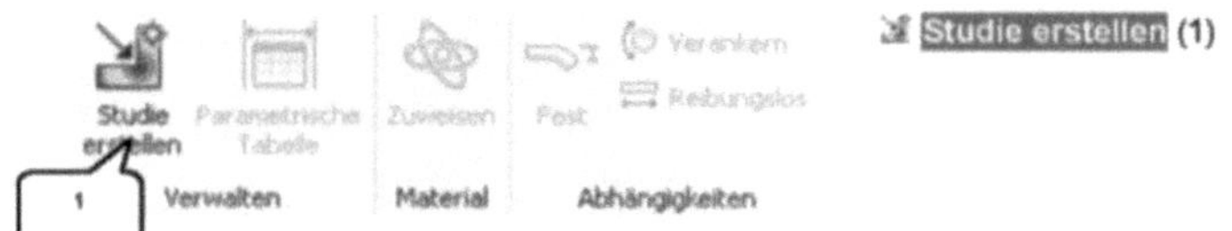

Mit dem Erstellen einer **neuen Studie** wird die grundlegende Richtung der Analyse festgelegt. D.h. auf welche Eigenschaften ein Bauteil bzw. einer Baugruppe letztendlich untersucht werden soll.

Studienbezeichnung und **Konstruktionsziel** sollten zuerst definiert werden, anschließend der **Studientyp**, bei Baugruppen sind zusätzlich die **Kontakteigenschaften** und gegebenenfalls weitere Einstellungen im **Modellzustand** festzulegen.

Die Eigenschaften einer Studie können jederzeit wieder geändert und bearbeitet werden, indem im Browser mit der **rechten Maustaste** auf die Studie geklickt und im Kontextmenü die Option **Studieneigenschaften bearbeiten** ausgewählt wird.

---

[8] Werden Daten aus dem Bereich der Dynamischen Simulation in den Bereich der Belastungsanalyse übertragen, so werden Auflager nicht als Abhängigkeiten übernommen, sondern als Lasten: Das Programm bestimmt das System somit ausschließlich anhand von Kräften und Momenten! ($\sum F_{x,y,z}=0$; $\sum M_{x,y,z}=0$)

- Randbedingungen definieren -

7.1.2   Einzelpunkt-Studie erstellen

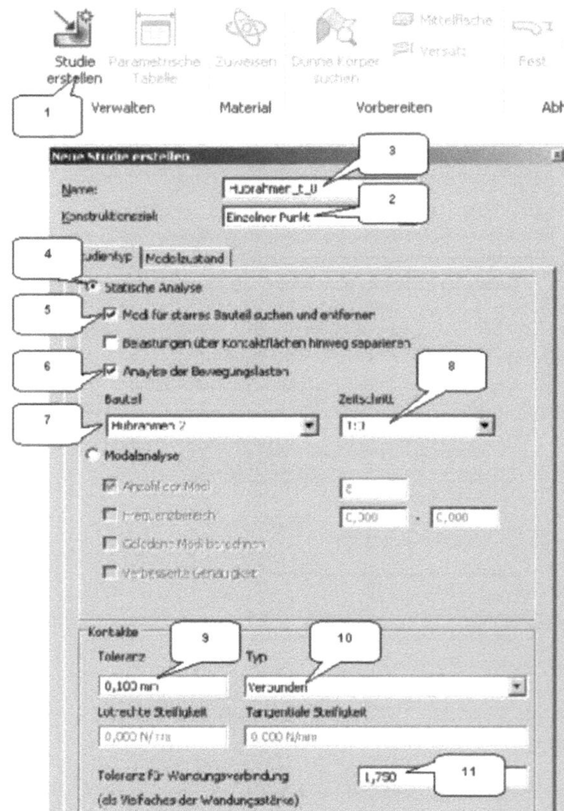

Im Bereich der Belastungsanalyse muss zuerst eine neue ⚙ *Studie* erstellt werden. Als *Konstruktionsziel* kann die Option *Einzelner Punkt* übernommen und als Name kann die Bezeichnung *Hubrahmen_t_0* eingetragen werden. Weiterhin soll eine *statische Analyse* des Bauteils erfolgen, wobei zusätzlich die Option *Modi für starres Bauteil suchen und entfernen*[9] zu aktivieren ist. Um die Lasten und Auflager aus dem Bereich der Dynamischen Simulation übernehmen zu können, sind die Optionen *Analyse der Bewegungslasten* zu aktivieren, das Bauteil *Hubrahmen:2* auszuwählen und der *Zeitschritt T:0* festzulegen. Die Einstellungen im Bereich *Kontakte* sollten ebenfalls überprüft und übernommen werden.

---

[9] Die Option „Modi für starres Bauteil suchen und entfernen" hilft dem Programm, statisch nicht einwandfrei definierte Randbedingungen um fehlende Abhängigkeiten zu ergänzen und somit überflüssige Freiheitsgrade zu eliminieren. Das verhindert unnötige Fehlermeldungen und minimiert die benötigte Rechenkapazität.

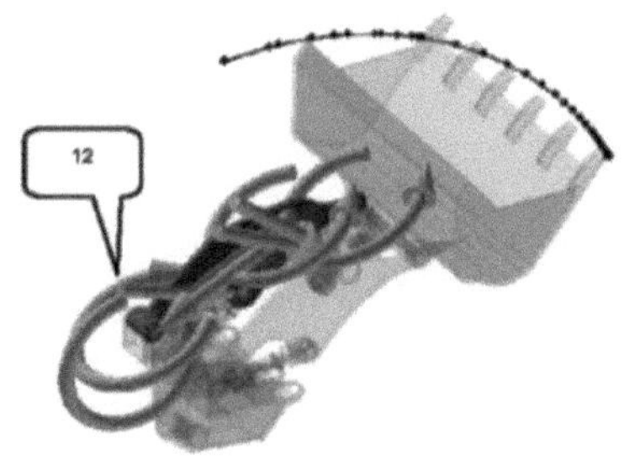

- **Studie erstellen** (1)
- ➢ Konstruktionsziel: Einzelner Punkt (2)
- ➢ Name: Hubrahmen_t_0 (3)
- ➢ Studientyp: Statische Analyse (4)
- ➢ Aktivieren: Modi für starres Bauteil ... (5)
- ➢ Aktivieren: Analyse für Bewegungslast. (6)
- ➢ Bauteil: Hubrahmen:2 (7)
- ➢ Zeitschritt: T:0 (8)
- ➢ Toleranz: 0,1 mm (9)
- ➢ Typ: Verbunden (10)
- ➢ Toleranz für Wandungsverb.: 1,75 (11)
- ➢ **OK**

Wurde die Studie erstellt, so aktiviert das Programm einerseits weitere Befehle in der Befehlsleiste, andererseits wird die Darstellung der Baugruppe verändert: Das betroffene Bauteil wird farblich dargestellt und alle Kräfte und Momente werden mit gelben Pfeilen (12) symbolisiert.

Weitere Informationen dazu findet man im Browser innerhalb des Ordners *Lasten* (13).

7.1.3 Grundlagen: Handbuch

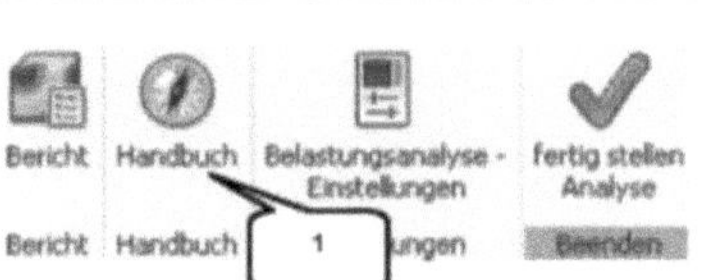

- **Handbuch** (1)

Startet man den Befehl *Handbuch* so wird der Internet-Browser geöffnet. Grundsätzlich stehen darin die folgenden beiden Optionen zur Verfügung:

- ➢ *Ich habe noch keine Erfahrungen mit FEM*, ich möchte die grundlegenden Schritte einer Simulationseinrichtung sehen
- ➢ *Ich habe bereits Erfahrungen mit FEM*, benötige jedoch Empfehlungen für bestimmte Aspekte der Simulation

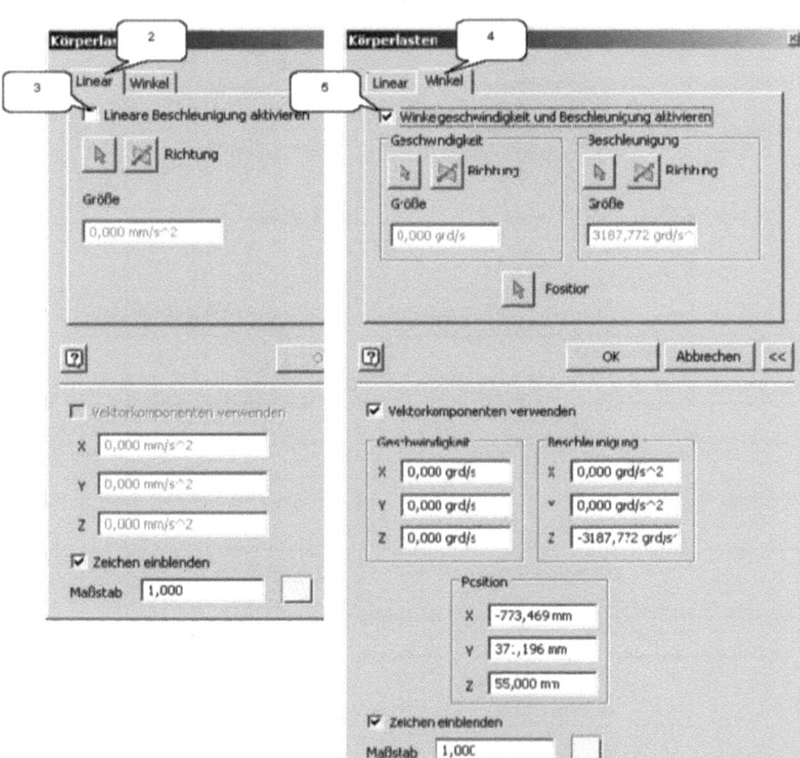

8.2.6   Einspann- und Belastungssituation des Bauteils KOLBEN

Um den Kolben simulieren zu können, sollten vorher alle zur Berechnung relevanten Randbedingungen über die Analyse der Einspann- und Belastungssituation des Kolbens bestimmt werden.

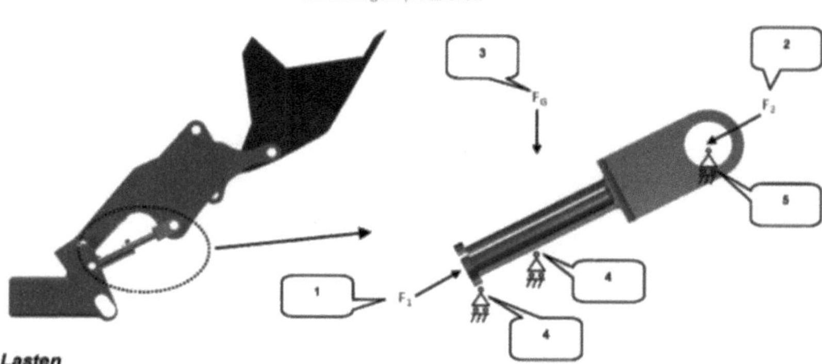

Lasten

1) Der Kolben wird mit einer Kraft F_1 (1) belastet, welche in Richtung des Hubrahmens wirkt. Sie soll mit **500 N** angenommen werden.
2) Der Kolben wird weiterhin durch den Hubrahmen in Form einer Lagerkraft F_2 belastet (2). Sie wirkt mit **500 N** der Kraft F_1 direkt entgegen.
3) Die Gewichtskraft F_G (3) kann in dieser Übung vernachlässigt werden.

Auflager

1) Der Kolben wird gleitend an zwei Positionen im **Zylinder** geführt (4).
2) Der Kolben ist über ein **Drehgelenk** mit dem Hubrahmen verbunden (5).

8.2.7   Kraft zwischen KOLBEN und ZYLINDER platzieren

Zuerst wird die Kraft F_1 platziert. Sie wirkt zwischen den Bauteilen Zylinder und Kolben und soll den Kolben axial in Richtung des Hubrahmens bewegen. Lediglich Fläche und Größe der Kraft sind zu definieren weil ihre Wirkrichtung[18] vom Programm automatisch lotrecht zur Kraftangriffsfläche angenommen wird.

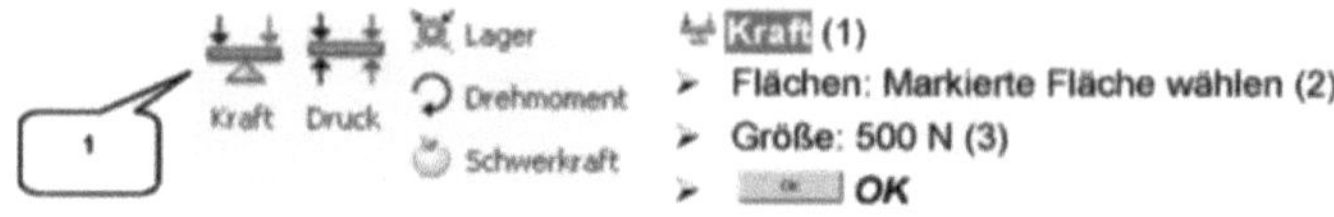

---

[18] Sollte die Wirkrichtung der Kraft unerwartet vom Bauteil weg zeigen, so kann die Richtung mit der **Umschalttaste** (4) korrigiert werden.

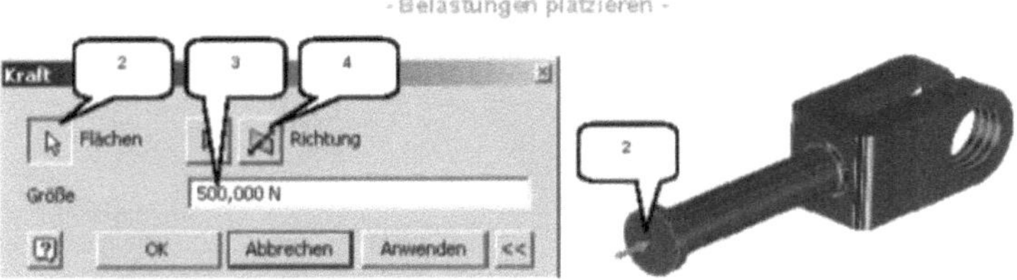

8.2.8   Simulation ausführen und aufzeichnen

Auch wenn das Bauteil zum aktuellen Zeitpunkt statisch noch nicht bestimmt ist, soll eine erste **Simulation** durchgeführt und die Reaktion des Programms betrachtet werden.

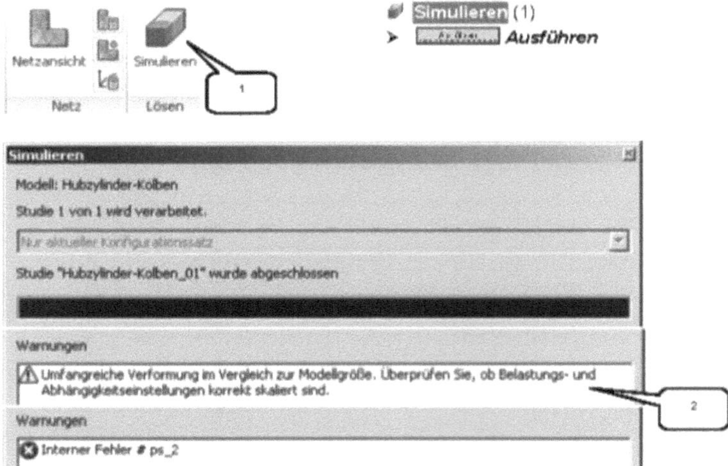

Mit der oberen Fehlermeldungen (2) weist das Programm darauf hin, dass aufgrund der noch nicht definierten Lasten und Abhängigkeiten eine fehlerhafte Interpretation der Analyseergebnisse sehr wahrscheinlich ist.

Das Fenster der Fehlermeldung kann geschlossen werden und das Programm sollte die Simulation trotzdem ausführen.

13 Topologieoptimierung mit dem Formengenerator

Bei einer ***Topologieoptimierung*** berechnet das Computerprogramm anhand aller vorliegenden Lasten und Auflager eine vereinfachte Bauteilgeometrie (1). Dabei wird versucht Material am Bauteil zu entfernen um das Volumen zu minimieren, ohne die Stabilität des Bauteils zu gefährden und seine Funktion dadurch einzuschränken. Es entsteht ein Bauteil geringerer Masse und mit einer optimierter Materialverteilung.

13.1 Formen-Generator-Studie erstellen
13.1.1 Bauteil KIPPZYLINDER_FIXIERUNG öffnen

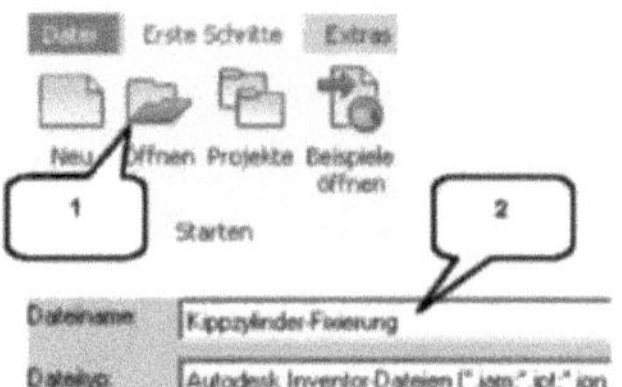

Als Übungsobjekt soll das <u>Bauteil</u> ***Kippzylinder-Fixierung*** geöffnet werden.

Öffnen (1)
> Order: Projektordner wählen
> Dateiname: Kippzylinder_Fixierung (2)
> Dateityp: *.ipt
> **Öffnen** *Öffnen*

13.1.2 Formen-Generator-Studie erstellen

Arbeitsbereich:
Belastungsanalyse

> Register ***Umgebungen*** (1)

Belastungsanalyse (2)

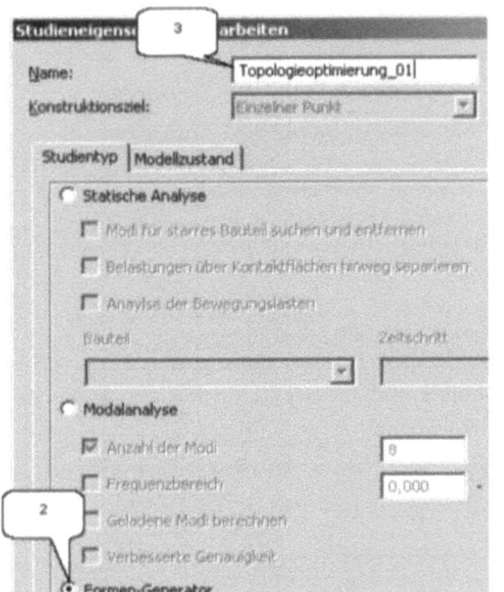

Im Bereich der Belastungsanalyse ist eine neue **Studie** mit dem Studientyp **Formen-Generator** zu erstellen[27].

- **Neue Studie erstellen** (1)
- ➤ Typ: Formen-Generator (2)
- ➤ Name: Topologieoptimierung_01 (3)
- ➤ ⬛ **OK**
- ➤ ⬛ **OK** (Befehlsfenster **Formen-Generator** für Konzeptstudien)

13.2   Randbedingungen definieren
13.2.1   Material zuweisen

Als **Material** soll dem Bauteil **Stahl** zugewiesen werden.

- **Materialien zuweisen** (1)
- ➤ Material aus der Tabelle übernehmen (2)
- ➤ ⬛ **OK**

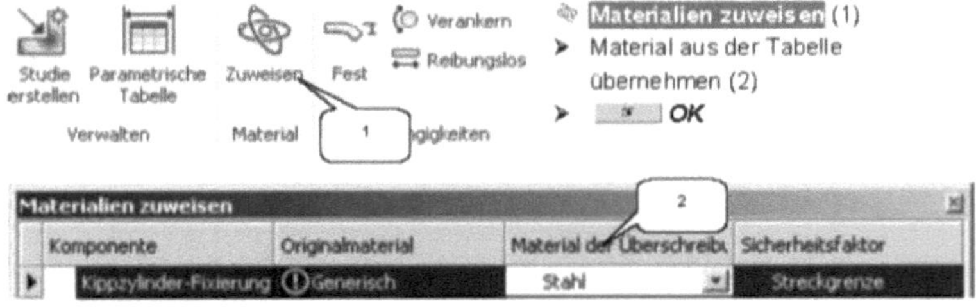

Materialien zuweisen				
Komponente	Originalmaterial	Material der Überschreib.	Sicherheitsfaktor	
Kippzylinder-Fixierung ⓘ	Generisch	Stahl	Streckgrenze	

---

[27] Wurde bereits eine Studie (z. B. eine statische Analyse) an einem Bauteil vorgenommen, so können die Randbedingungen durch das Kopieren dieser Studie in den Formen-Generator übertragen werden, um sich die Arbeit etwas zu erleichtern. Im aktuellen Übungsbeispiel sind leider noch keine Studien vorhanden.

13.2.2 Festgelegte Abhängigkeit platzieren

Zur Befestigung des Bauteils soll diesmal eine einfache **feste *Abhängigkeit*** platziert werden.

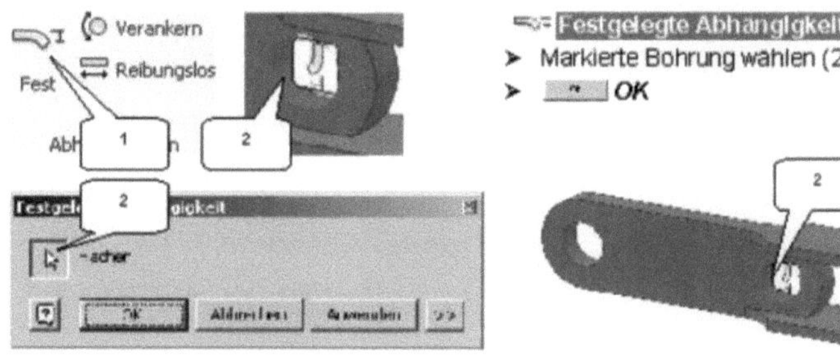

13.2.3 Kraft platzieren

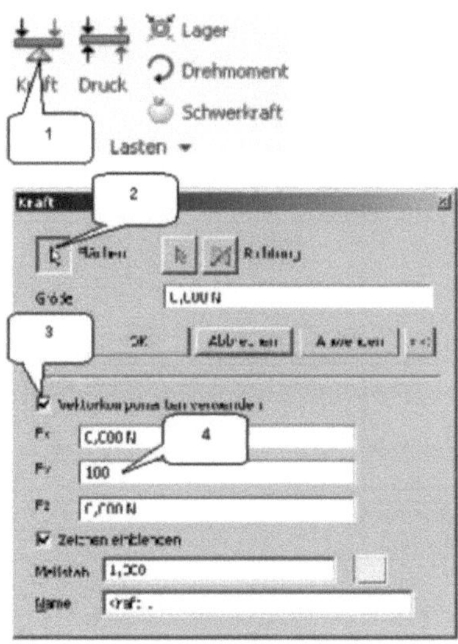

Die zweite Bohrung wird mit einer **Kraft** von **100 N** beaufschlagt werden, die in Richtung der ersten Bohrung wirkt.

Kraft (1)
> Fläche: Markierte Zylinderfläche (2)
> Befehlsfenster erweitern
> Aktivieren: Vektorkomponenten (3)
> F_y: 100 N (4)
> OK

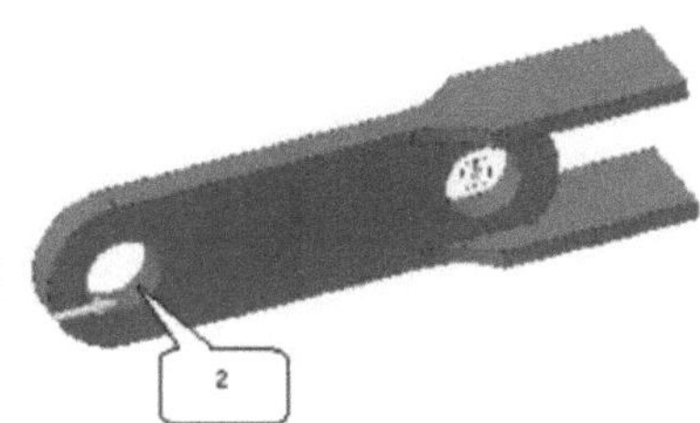

13.3 Optimierungskriterien auswählen

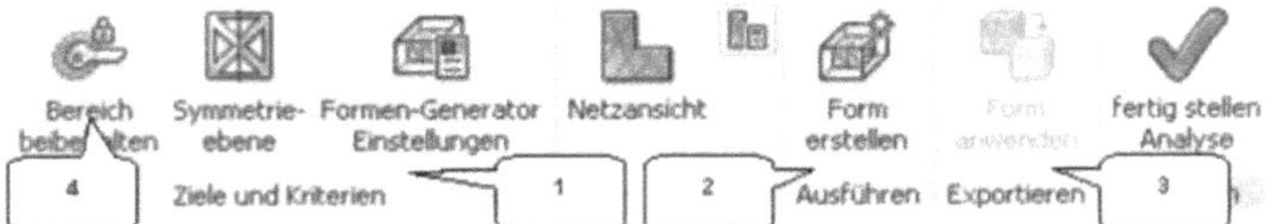

Werden Studien mit dem Formen-Generator durchgeführt, so stehen die neuen Befehlsgruppen **Ziele und Kriterien** (1), **Ausführen** (2) und **Exportieren** (3) zur Verfügung. Die folgenden Befehle findet man darin:

13.3.1 Grundlagen: Bereich beibehalten

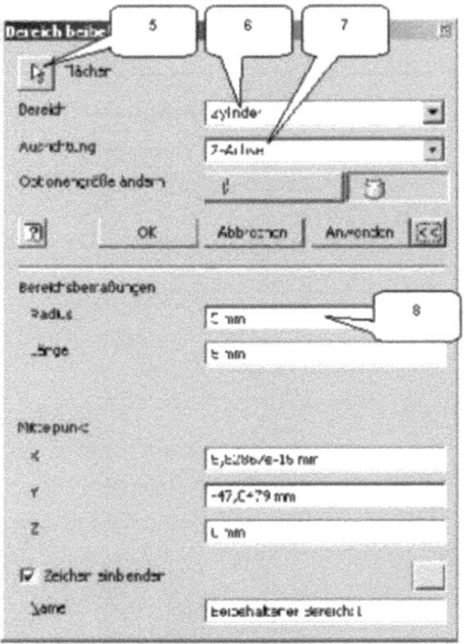

Bereich beibehalten (4)

Topologische Optimierungen haben das Ziel, Bereiche eines Bauteils zu minimieren ohne die Stabilität des Bauteils unter Beachtung der äußeren Randbedingungen (wie Kräfte, Drehmomente und Auflager) wesentlich zu beeinträchtigen. Das Programm soll also nach Möglichkeiten suchen, die Masse eines Bauteils zu minimieren.

Bereiche am Bauteil an denen Änderungen nicht zulässig sind (z. B. weil das Bauteil dort befestigt wird) müssen definiert werden. Hierfür stellt das Programm den Befehl **Bereich beibehalten** zur Verfügung. Nach der Auswahl der beizubehaltenden **Oberflächen** (5) müssen u. a. die **Form** (6) (zylindrisches Objekt oder Quaderobjekt), die **Ausrichtung** (7) und die **Größe** (8) festgelegt werden.

13.3.2 Grundlagen: Symmetrieebene

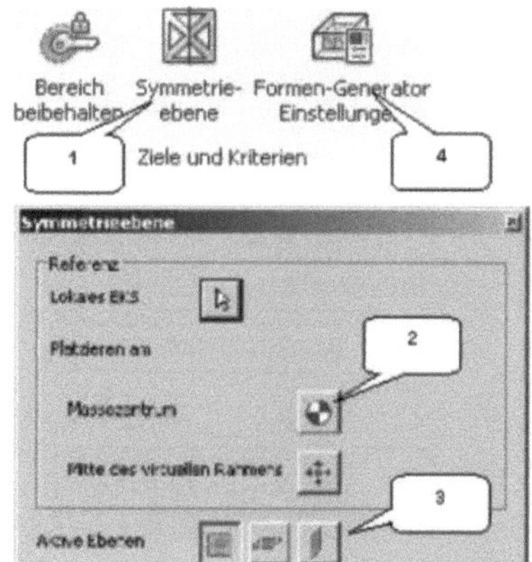

Symmetrieebene (1)

Symmetrie an Bauteilen ist aus fertigungstechnischer Sicht ein wichtiges Konstruktionsprinzip. Auch bei topologischen Optimierungen sollte daher darauf geachtet werden, die Resultate aus dem Formengenerator möglichst symmetrisch zu erzeugen. Derartige Vorgaben sind durch den Befehl **Symmetrieebene** möglich. Das Programm platziert standardmäßig ein Koordinatensystem am **Massezentrum** (2) des Bauteils, dessen Ausrichtung sich am globalen Koordinatensystem orientiert. Hierdurch werden die 3 Hauptebenen aufgespannt, welche entweder einzeln oder kombiniert als **Symmetrieebenen** (3) definiert werden können.

13.3.3 Grundlagen: Formengenerator-Einstellungen

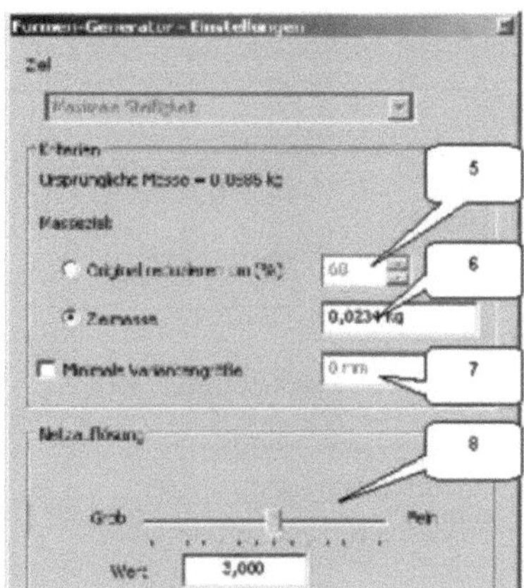

Formen-Generator-Einstellungen (4)

In den **Formen-Generator-Einstellungen** werden die grundsätzlichen Berechnungskriterien einer topologischen Optimierung vorgegeben. Entweder es wird ein **prozentuales** Ziel der Verringerung der Masse vorgegeben (5), oder eine **Zielmasse** definiert (6). Außerdem kann eine untere Grenze der Berechnung (**Minimale Variantengröße**) definiert werden (7). Im Bereich der Netzauflösung kann mittels Schieberegler oder durch eine Werteeingabe die **Feinheit des Netzes** festgelegt werden (8). Je feiner das Netz, desto genauer die Berechnungsergebnisse (desto größer allerdings auch der Rechenaufwand).

13.3.4 Überarbeiten der Grundeinstellungen

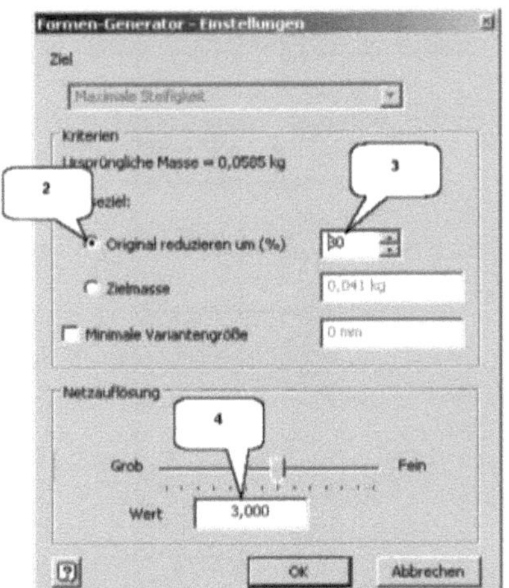

Zuerst sollten die grundlegenden **Einstellungen** vorgenommen werden. Das Ziel der **Reduzierung** der Masse ist dabei mit **30%** zu definieren, wobei die **Netzauflösung** im Mittelwert liegen soll.

Formen-Generator-Einstellungen (1)

➤ Aktivieren: Original reduzieren um (2)
➤ Wert der Reduzierung: 30% (3)
➤ Netzauflösung: 3,0 (4)
➤ **OK**

13.3.5 Unveränderbare Bereiche festlegen

Im nächsten Schritt muss definiert werden, welche geometrischen **Bereiche** des Bauteils **nicht verändert** werden dürfen, weil sie z. B. zur Befestigung des Bauteils an den angrenzenden Bauteilen benötigt werden, wozu u. a. die beiden Bohrungen zählen. Entsprechend ihrer geometrischen Form muss hier natürlich auch ein zylindrischer Bereich gewählt werden. Die Ausrichtung des Zylinders ermittelt das Programm automatisch anhand der Bohrungsachse (Z-Achse) und eine Vergrößerung des beizubehaltenden Bereiches ist im aktuellen Beispiel nicht erforderlich.

Bereich beibehalten (1)

➤ Markierte Zylinderbohrung wählen (2)
➤ Bereich: Zylinder (3)
➤ **ANWENDEN**

➤ Markierte Zylinderbohrung wählen (4)
➤ Bereich: Zylinder (3)
➤ **ANWENDEN**

Auch die beiden *Laschen* dürfen nicht ver-
ändert werden, weil sie ebenfalls zur Befes-
tigung des Bauteils beitragen. Bei der Aus-
wahl der Referenzflächen ist darauf zu ach-
ten, dass die jeweilige <u>innere Seite</u> ausge-
wählt wird. Aufgrund der Form der Oberflä-
che sollte das Programm die Grundform
Quader automatisch auswählen.

> Markierte Fläche wählen (5)
> Bereich: Quader (6)
> Ausrichtung: Ausgerichtet (7)
> Befehlsfenster erweitern (8)
> Höhe: 3 mm (9)
> Länge: 15 mm (10)
> Breite: 35 mm (11)
> *ANWENDEN*

> Markierte Fläche wählen (12)
> Bereich: Quader (6)
> Ausrichtung: Ausgerichtet (7)
> Höhe: 3 mm (9)
> Länge: 15 mm (10)
> Breite: 35 mm (11)
> *OK*

13.3.6 Symmetrieebene festlegen

Auch **Symmetrieebenen** sind zu definieren: das Bauteil soll symmetrisch zur **XY-Ebene** sowie symmetrisch zur **XZ-Ebene** optimiert werden.

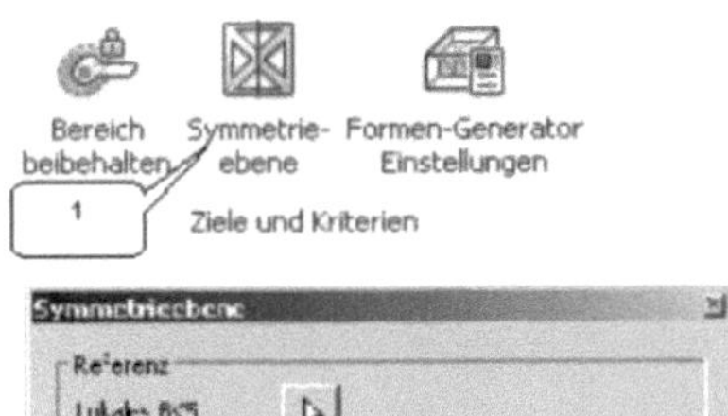

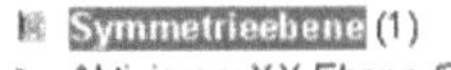

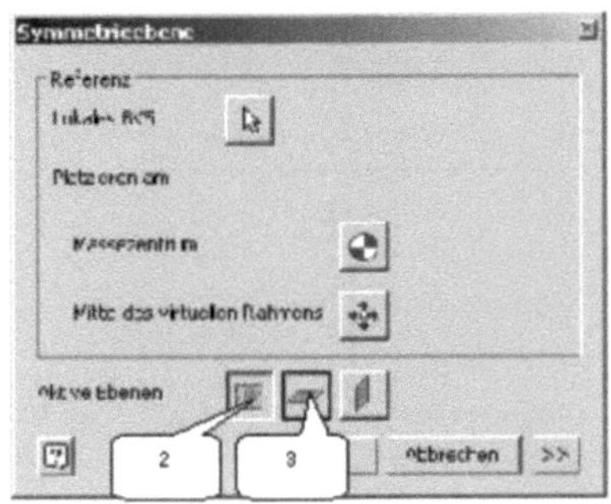

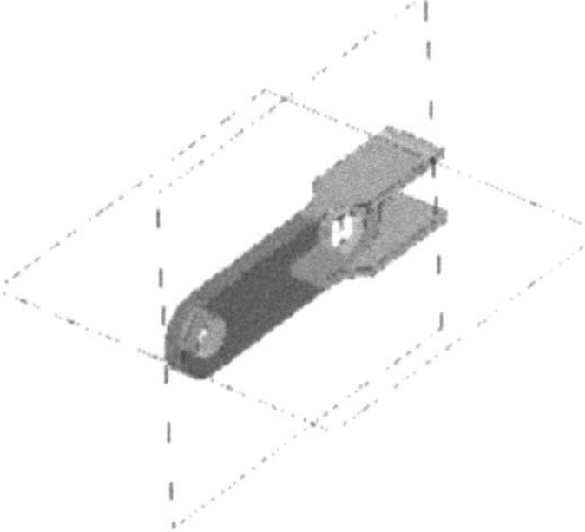

13.4 Bauteil KIPPZYLINDER_FIXIERUNG optimieren
13.4.1 Grundlagen: Form erstellen

Wurden alle Randbedingungen (wie Material, Lasten und Abhängigkeiten) definiert, kann mit der Optimierung begonnen werden, wofür der Befehl **Form erstellen** zu starten ist. Das Programm versucht jetzt so viel Material zu entfernen, wie in den Zielkriterien der Einstellungen vorgegeben wurde. Es wird bei diesem Arbeitsschritt natürlich nicht wirklich entfernt sondern lediglich eine „fiktive" optimierte Kontur berechnet.

13.4.2 Optimierte Kontur berechnen

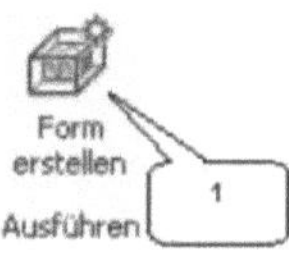

Die Berechnungen können jetzt gestartet werden, indem der Befehl **Form erstellen** geöffnet wird.

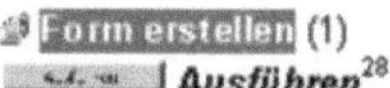

13.4.3 Ergebnisinterpretation

Ursprüngliche Masse: 0,0585 kg
Neue Masse: 0,0115 kg
Massenreduzierung: 29%   1

Durch die Optimierung des Bauteils wurde eine **Minimierung der Masse** von ca. **29 %** (1) erreicht. Interessanterweise sind die Ergebnisse der Programmversionen 2020 und 2019 (2) und der Version von 2018 (3) dabei absolut unterschiedlich.

Während die Optimierungen mit den Programmversionen 2020 und 2019 eine Entfernung des Materials an den Außenseiten des Bauteils ergeben (2), wurde bei der Optimierung mit der Programmversion 2018 eine Entfernung des Materials im inneren Bereich des Bauteils vorgeschlagen (3).

Das Bauteil sollte vor dem nächsten Arbeitsschritt dringend noch einmal gespeichert werden.

Speichern (Bauteil)

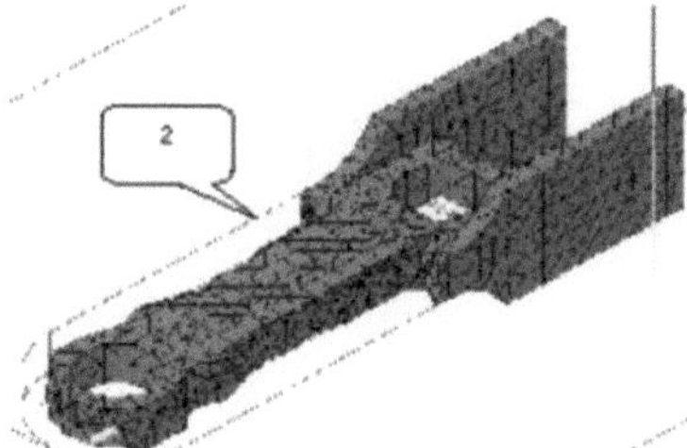
Berechnungsergebnisse der Version 2020

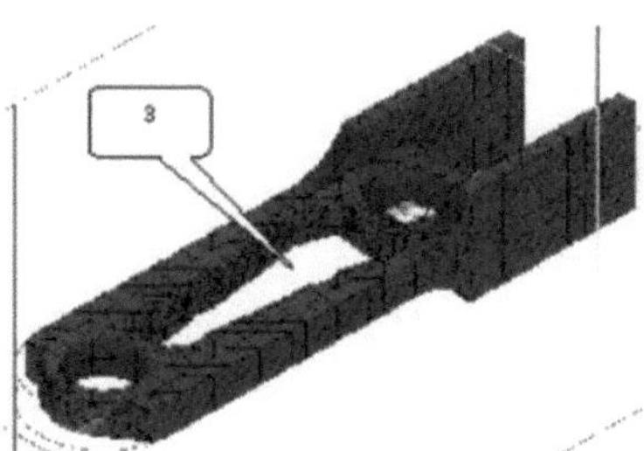
Berechnungsergebnisse der Version 2018

---

[28] In der Programmversion 2018 tauchte bei diesem Befehl noch die Fehlermeldung *WARNING 72004: UNRECOGNIZED BULK DATA ENTRY* auf, welche offensichtlich bereits behoben wurde. Sollte es beim späteren Versuch des Exportierens der optimierten Bauteilvariante vom Formen-Generator in den Bereich der Bauteilbearbeitung zu Problemen kommen, dann liegt das mit hoher Wahrscheinlichkeit noch daran.

L

M

O

P

R